Schriftenreihe aus dem Institut für Strömungsmechanik

Herausgeber
J. Fröhlich, R. Mailach S. Odenbach

Institut für Strömungsmechanik
Technische Universität Dresden
D-01062 Dresden

Band 15

Kay Heinze

Eine Methode für probabilistische Untersuchungen zum Einfluss von Fertigungsstreuungen auf die hochzyklische Ermüdung von Verdichterschaufeln

TUD*press*
2016

Die vorliegende Arbeit wurde am 08. Oktober 2014 an der Fakultät Maschinenwesen der Technischen Universität Dresden als Dissertation eingereicht und am 26. März 2015 erfolgreich verteidigt.

This work was submitted as a PhD thesis to the Faculty of Mechanical Science and Engineering of TU Dresden on 08 October 2014 and successfully defended on 26 March 2015.

Gutachter | Reviewers
Prof. Dr.-Ing. Konrad Vogeler, TU Dresden
Prof. Dr.-Ing. Arnold Kühhorn, BTU Cottbus-Senftenberg

Bibliografische Information der Deutschen Nationalbibliothek
Die Deutsche Nationalbibliothek verzeichnet diese Publikation in der Deutschen Nationalbibliografie; detaillierte bibliografische Daten sind im Internet über http://dnb.d-nb.de abrufbar.

Bibliographic information published by the Deutsche Nationalbibliothek
The Deutsche Nationalbibliothek lists this publication in the Deutsche Nationalbibliografie; detailed bibliographic data are available in the Internet at http://dnb.d-nb.de.

ISBN 978-3-95908-036-1

Eckhard Richter & Co. OHG
Bergstr. 70 | D-01069 Dresden
Tel.: 0351/47 96 97 20 | Fax: 0351/47 96 08 19
http://www.tudpress.de

TUDpress ist ein Imprint von w. e. b.

Gesetzt vom Autor. | Typeset by the author.
Printed in Germany.

Eine Methode für probabilistische Untersuchungen zum Einfluss von Fertigungsstreuungen auf die hochzyklische Ermüdung von Verdichterschaufeln

Von der Fakultät für Maschinenwesen der Technischen Universität Dresden zur Erlangung des akademischen Grades eines Doktor-Ingenieurs genehmigte

Dissertation

vorgelegt von

Dipl.-Ing. Kay Heinze

geboren am 9. September 1980 in Bad Salzungen

Gutachter: Prof. Dr.-Ing. Konrad Vogeler
Gutachter: Prof. Dr.-Ing. Arnold Kühhorn

Ort / Tag der Verteidigung: Dresden, 26. März 2015

Danksagung

Die vorliegende Arbeit entstand im Rahmen meiner Tätigkeit als wissenschaftlicher Mitarbeiter an der Professur für Turbomaschinen und Strahlantriebe der Technischen Universität Dresden. Mein ausdrücklicher Dank gilt dem Leiter der Professur und meinem Doktorvater Prof. Dr.-Ing. Konrad Vogeler für die über Jahre stets wohlwollende Unterstützung und Förderung. Ebenso danken möchte ich Herrn Prof. Dr.-Ing. Arnold Kühhorn für die Übernahme des Zweitgutachtens. Gedankt sei auch Herrn Prof. Dr.-Ing. habil. Maik Gude für die Übernahme des Vorsitzes der Promotionskommission sowie den Mitgliedern der Promotionskommission Frau Dr.-Ing. habil. Christine Schöne und Herrn Prof. Dr.-Ing. habil. Klaus-Georg Eulitz.

Viele Arbeits- und Fachkollegen haben zum Gelingen der Arbeit beigetragen. Besonders Herrn Dr.-Ing. Matthias Voigt danke ich für die hilfreichen Anregungen, intensiven Diskussion und wertvollen Ratschläge, die zu einem erfolgreichen Gelingen der Arbeit beigetragen haben. Zudem gebührt mein Dank Herrn Dr.-Ing. Alexander Lange für die konstruktiven fachlichen Gespräche und den inspirierenden Gedankenaustausch. Allen anderen Mitarbeitern der Professur danke ich für die immer freundliche Arbeitsatmosphäre.

Weiterhin danken möchte ich Herrn Winfried-Hagen Friedl, Herrn Dr.-Ing. Sven Schrape sowie Herrn Dr. Marcus Meyer von Rolls-Royce Deutschland Ltd & Co. KG für die enge Kooperation im Rahmen des Luftfahrtforschungsprogramms sowie der über Jahre hinweg kontinuierlichen Unterstützung in fachlichen und organisatorischen Fragen. Danken möchte ich auch Herrn Peter Czajka und Herrn Stephan Wallstab-Freitag von GOM mbH für die Unterstützung bei der Digitalisierung von Triebwerksschaufeln.

Mein ganz besonderer Dank gilt meiner Frau Antje für ihre Geduld und ihren Rückhalt während der Anfertigung der Dissertation. Meinen Kindern danke ich für die stets aufmunternden und abwechslungsreichen Momente in dieser Zeit. Von ganzem Herzen danke ich meinen Eltern, die mir mit ihrer immerwährenden Unterstützung letztlich den beschrittenen Weg ebneten.

Innerhalb der Arbeit wurden akademische Lizenzen von GOM Inspect Professional, ABAQUS und HyperWorks genutzt.

Ludwigsfelde, Januar 2016 Kay Heinze

Inhaltsverzeichnis

Symbolverzeichnis

Lateinische Formelzeichen:

Symbol	Einheit	Bezeichnung
AD	$[-]$	ANDERSON-DARLING Anpassungstest
$B(u)$	$[-]$	Bernsteinpolynome für B-Splines
d	$[N/m]$	Steifigkeitskoeffizient
$C(u)$	$[-]$	B-Spline
D	$[-,\%]$	LEHR'sches Dämpfungsmaß
E	$[N/m^2]$	E-Modul
f	$[Hz]$	Frequenz
F	$[N]$	Kraft
F_0	$[N]$	Erregerkraft
$F(x)$	$[-]$	Verteilungsfunktion einer stochastischen Variablen
j	$[-]$	Profilschnitt
l	$[m]$	Länge
m	$[kg]$	Masse
$\dot{m}$	$[kg/s]$	Massenstrom
N	$[-]$	Schwingspielanzahl
$N(u)$	$[-]$	Basispolynom für B-Splines
P	$[-]$	Stützpunkt
$q(t)$	$[m]$	zeitabhängige Amplituden
R^2	$[-]$	Bestimmtheitsmaß
s	[m,°,%]	geschätzte Standardabweichung einer Grundgesamtheit
t	[s]	Zeit
T	[K]	Temperatur
u	$[-]$	Laufparameter für B-Spline Kurve
v	[m/s]	Geschwindigkeit
V	$[-]$	Vergrößerungsfaktor
x	[m]	Verschiebung
x_0	[m]	statische Auslenkung aus der Ruhelage
$\overline{x}$	[m,°,%]	geschätzter Mittelwert einer Grundgesamtheit

Griechische Formelzeichen:

Symbol	Einheit	Bezeichnung
δ	$[1/s]$	Abklingkonstante
η	$[-]$	Frequenzverhältnis
η_G	$[-]$	Gipfelfrequenz
κ	$[-]$	Krümmung
λ	$[1/s]$	Eigenwert
μ	$[m, °, \%]$	Mittelwert
ν	$[-]$	Variationskoeffizient
ω	$[1/s]$	gedämpfte Eigenkreisfrequenz
ω_0	$[1/s]$	ungedämpfte Eigenkreisfrequenz
ω_i	$[1/s]$	Wichtungsparameter für NURBS-Kontrollpunkt
Ω	$[1/s]$	Erregerfrequenz
ϕ	$[°]$	Nullphasenwinkel
σ_S	$[m, °, \%]$	Standardabweichung
σ	$[N/m^2]$	VON MISES Vergleichsspannung
σ_W	$[N/m^2]$	Wechselfestigkeit
σ_Z	$[N/m^2]$	Zugfestigkeit

Koordinatensysteme:

Symbol	Einheit	Bezeichnung
x, y, z	$[m]$	kartesisches Koordinatensystem
$r\theta, m$	$[m°, m]$	Meridionalkoordinatensystem
r, θ, z	$[m, °]$	Zylinderkoordinatensystem

Indizes:

Symbol	Bezeichnung
a	Amplitude
Abs	Absolutwert
D	Dauerfestigkeit
G	Gehäuse
gen	generalisiert - modale Parameter
h	homogene Lösung
N	Nabe
ND	Nominales Design
p	partikuläre Lösung
Ref	Referenz
sim	Simulation
Var	Variation/Realisierung

Schaufelparameter:

Symbol	Einheit	Bezeichnung
ax_{pos}	$[m]$	axiale Position
tan_{pos}	$[m]$	tangentiale Position
c	$[m]$	Sehnenlänge
γ	$[°]$	Staffelungswinkel
α	$[°]$	Winkel VK bzw. HK
t_{max}	$[m]$	maximale Dicke
x_t	$[\%]$	Dickenrücklage
w_{max}	$[m]$	maximale Wölbung
x_w	$[\%]$	Wölbungsrücklage
a	$[m]$	Große Halbachse Ellipse
b	$[m]$	Kleine Halbachse Ellipse
b	$[m]$	Breite Plattform/Schaft
R	$[m]$	Radius
S_h	$[m]$	Schaufelhöhe
S_l	$[m]$	Schaftlänge
d	$[m]$	Dicke
p	$[m]$	Position
l	$[m]$	Länge
ϵ	$[-]$	Elliptizität

Indizes für Schaufelparameter:

Symbol	Bezeichnung
DS	Druckseite
F	Fillet
HK	Hinterkante
M	Mittelpunkt
P	Plattform
S	Schaft
SS	Saugseite
VK	Vorderkante
h	Plattform hinten
l	Plattform links
r	Plattform rechts
v	Plattform vorne
1	Schaftbereich oben
2	Schaftbereich unten

Vektoren und Matrizen:

Symbol	Bezeichnung
$\mathbf{C}$	Steifigkeitsmatrix
$\mathbf{E}$	Einheitsmatrix
$\mathbf{D}$	Dämpfungsmatrix
$\mathbf{F}$	Kraftvektor
$\mathbf{M}$	Massenmatrix
$\mathbf{MAC}$	MAC-Matrix zur Beurteilung der Ähnlichkeit von Eigenvektoren
$\mathbf{P}$	Stützpunktvektor
$\mathbf{P_S}$	Steuerpunktvektor
$\overline{\mathbf{q}}$	Amplituden im Zeitbereich
$\mathbf{U}$	normierte Amplitudenmatrix
$\mathbf{x}$	Verschiebungsvektor im Zeitbereich
$\mathbf{\Phi}$	Modalmatrix
$\mathbf{\Sigma}$	Eigenwerte

Mathematische Symbole:

Symbol	Bezeichnung
$\dot{()}, \ddot{()}$	erste, zweite Zeitableitung
$()^T$	transponiert
$()!$	Fakultät
$\Delta()$	Delta / Differenz

Sonstige Abkürzungen:

Symbol	Bezeichnung
COI	Wichtigkeitsmaß
FEM	Finite-Elemente-Methode
HCF	hochzyklische Ermüdungsfestigkeit (engl. high cycle fatigue)
IQR	Interquartilbreite
LCF	niedrigzyklische Ermüdungsfestigkeit (engl. low cycle fatigue)
MAC	Modal-Assurance-Criterion
NACA	National Advisory Committee for Aeronautic
NURBS	Non Uniform Rational B-Splines
SLDV	Scanning Laser-Doppler-Vibrometers
STL	Dreiecksoberflächennetz (engl. Standard Triangulation Language)

1 Einleitung

1.1 Problemstellung und Motivation

Die Europäische Kommission sieht in der Luftfahrtindustrie eine der Grundlagen für Wachstum, Wohlstand und Sicherheit innerhalb der Europäischen Union. In den Strategiepapieren "Vision 2020" [61] und "FlightPath 2050" [62] des *Advisory Council for Aviation Research and Innovation in Europe* (ACARE) sind ehrgeizige Ziele zur Erhaltung der globalen Führungsrolle in der Luftfahrtindustrie zusammengefasst. Für zukünftige Triebwerkstechnologien wurden u.a. folgende Ziele im Vergleich zu einem Triebwerk im Jahr 2000 festgelegt:

- 75% CO_2-Reduzierung
- 90% NO_x-Reduzierung
- 65% Reduzierung des wahrgenommenen Lärmpegels
- weniger als ein Unfall pro 10 Millionen kommerzielle Flugbewegungen

Die ambitionierten Ziele der Europäischen Kommission lassen sich durch neue Technologien, Methoden, Materialien sowie einem vertieften Verständnis zu komplexen physikalischen Zusammenhängen erreichen.
Eine Möglichkeit die ACARE-Ziele zu erreichen, ist die Triebwerksleistung bei gleichbleibendem Brennstoffverbrauch zu steigern. Eine Steigerung der Triebwerksleistung kann durch eine Erhöhung des Verdichterdruckverhältnisses erreicht werden. Die Herausforderung besteht dabei darin, dass die Gestaltung moderner Verdichterschaufelgeometrien zum Druckaufbau mit einer konträren Zielsetzung verbunden ist, STEFFENS [86]. Eine optimale aerodynamische Verdichterschaufel zeichnet sich durch eine dünne und verwundene Geometrie aus. Gleichzeitig muss die strukturelle Integrität gewährleistet sein, die am Besten durch aufgedickte und unverwundene Schaufeln erreicht wird, BESTLE et al. [15]. Das finale Design, in dem Unsicherheiten durch Sicherheitsfaktoren und Erfahrungswerte berücksichtigt sind, stellt schließlich ein Optimum aus beiden Zielsetzungen dar. Dieses finale Design kann als deterministische Lösung der Systemcharakteristik betrachtet werden. Zu jedem Ergebnisparameter der aerodynamischen und strukturmechanischen bzw. strukturdynamischen Auslegung existiert genau eine Lösung. Im anschließenden Fertigungsprozess ist neben der Realisierbarkeit des optimierten Schaufeldesigns der Kostenfaktor von entscheidender Bedeutung. Mit dem Kostenfaktor implizit verbunden sind die zulässigen Fertigungstoleranzen. Die Geometrietreue, mit der die gefertigten Verdichterschaufeln vom optimalen Design abweichen dürfen, hat einen entscheidenden Einfluss auf die Systemcharakteristik der gefertigten Verdichterschaufeln. Diese den Fertigungstoleranzen zu Grunde liegende Charakteristik ist weitestgehend unbekannt.
Mit der Probabilistik besteht nun die Möglichkeit, Unsicherheiten in einem System durch stochastische Variablen zu berücksichtigen. Dadurch wird das den Streuungen zu Grunde liegende Systemverhalten verstanden. GARDNER et al. [30] verstehen die Probabilistik als einen Baustein für "Design for Six Sigma" um u.a. die technischen Anforderungen eines Produkts zu gewährleisten, die Zuverlässigkeit zu erhöhen und Fertigungskosten zu senken. Weiter können

mit der steigenden Rechnerkapazität immer mehr Prozesse und physikalische Zusammenhänge in Simulationsmodellen integriert werden, wodurch die Vorhersagequalität von gefertigten Bauteilen schon in der Designphase erhöht werden kann.

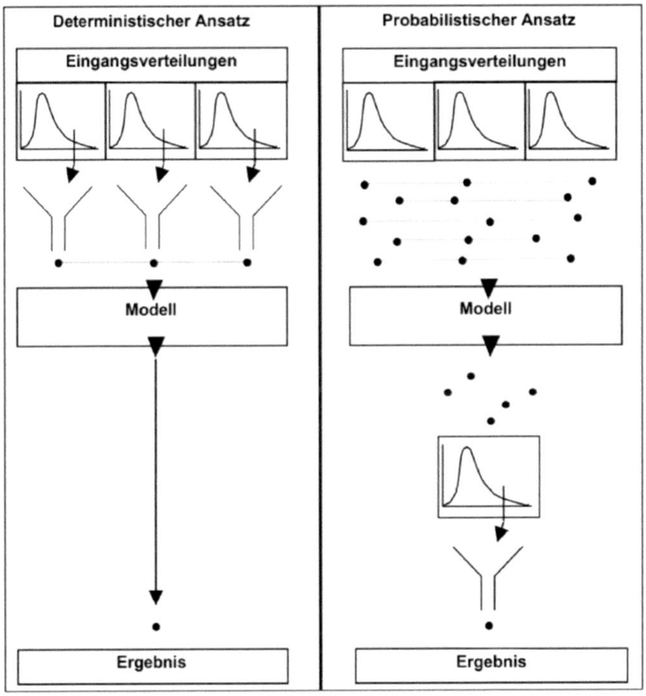

Abbildung 1.1 Vergleich zwischen deterministischen und probabilistischen Ansatz zur Berücksichtigung von Unsicherheiten, MEKEL [64]

Abbildung 1.1 verdeutlicht den Unterschied zwischen dem deterministischen und dem probabilistischen Ansatz nach MEKEL [64] zur Modellierung eines Problems. Der deterministische Ansatz berücksichtigt die Variabilität der Eingangsparameter nicht. Stattdessen werden Sicherheitsfaktoren zur Berücksichtigung von Unsicherheiten im System implementiert. Der entsprechende Eingangsparameter zur Modellierung orientiert sich meistens am Mittelwert einer existierenden Grundgesamtheit. Das Ergebnis ist eine deterministische Lösung. Die Probabilistik berücksichtigt dagegen die Unsicherheit der Eingangsparameter mit stochastischen Variablen. Durch die zufällige Entnahme von Stichproben aus einer Grundgesamtheit werden Streuungen des Systems berücksichtigt. Die Ergebnisgrößen selbst streuen und entsprechen nicht mehr nur einer deterministischen Punktlösung.
In dieser Arbeit soll nun der probabilistische Ansatz zur Beurteilung des Einflusses von Fertigungsstreuungen auf die hochzyklische Ermüdung von Verdichterschaufeln angewendet werden. Ziel ist es, die Variabilität der Eigenfrequenzen, der Schwingfestigkeit af sowie der Eigenformen zu berechnen und einflussreiche geometrische Eingangsparameter zu ermitteln.

Die Ergebnisse der probabilistischen Untersuchung ermöglichen damit ein besseres Verständnis des gesamten Systems. Mit einer Robustheitsbewertung können gezielt die bestehenden Fertigungstoleranzen und Sicherheitsfaktoren angepasst sowie geometrische Änderungen an der Verdichterschaufel vorgenommen werden.

1.2 Stand der Wissenschaft und Technik

In der vorliegenden Arbeit wird eine probabilistische Simulation zur Untersuchung des Einflusses von Fertigungsstreuungen auf die hochzyklische Ermüdung von Verdichterschaufeln durchgeführt. In diesem Zusammenhang soll zunächst ein Überblick zu aktuellen Arbeiten aus Forschung und Industrie zu probabilistischen Methoden und probabilistischen Untersuchungen im Turbomaschinenbau gegeben werden. Anschließend werden Veröffentlichungen zu den Kernpunkten dieser Arbeit vorgestellt.

Voigt [93] gibt in seiner Dissertation einen ausführlichen Überblick zu den probabilistischen Methoden. Er geht allgemein auf die Ziele probabilistischer Untersuchungen sowie detailliert auf Vor- und Nachteile der einzelnen Methoden ein. Es wird gezeigt, dass die Monte-Carlo Simulation eine geeignete Methode ist, um die Robustheit eines Systems sowie Sensitivitäten der Ergebnisparameter in Bezug auf die Eingangsparameterstreuung unabhängig von der Anzahl der stochastischen Variablen zu ermitteln. Für die Berechnung von Eintretens- bzw. Ausfallwahrscheinlichkeiten wird zusätzlich die Anwendung von Antwortflächen, Importance Sampling oder Zuverlässigkeitsverfahren empfohlen. In dieser Arbeit sowie der Veröffentlichung von Voigt et al. [94] wird anhand einer Kombination von Monte-Carlo Simulation und Antwortflächenverfahren die Berechnung der Lebensdauer einer Turbinenschaufel demonstriert. Thacker et al. [88] geben ebenfalls einen Überblick zu den genannten probabilistischen Methoden und stellen anhand von mehreren Beispielen mögliche Fehlerquellen in der Anwendung der probabilistischen Methoden heraus. Craney [25] geht auf den Vorteil der probabilistischen Simulation ein, erläutert die Monte-Carlo Simulation sowie das Antwortflächenverfahren und gibt Richtlinien vor, um die statistische Gültigkeit der Modelle und der Ergebnisse zu ermitteln. Reh et al. [71] nutzen in ihrer Veröffentlichung die Monte-Carlo Simulation in Kombination mit dem Antwortflächenverfahren zur Ermittelung eines robusten Designs. Das Ziel der Untersuchung ist, die Mittelwerte ausgewählter Zielgrößen anzupassen und die Standardabweichungen zu minimieren.

Die Berücksichtigung von Unsicherheiten mittels probabilistischen Methoden ist ein standardisierter Prozess in der Gestaltung neuer Bauteile in der Turbomaschinenforschung und -industrie. Zahlreiche Veröffentlichungen auf diesem Gebiet zeugen von der Wichtigkeit dieser Methoden für ein robustes Design. Bischoff et al. [18] wenden die Monte-Carlo Simulation sowie eine lineare Antwortfläche auf ein 1-D Modell des Sekundärluftsystems einer industriellen Gasturbine an. In der probabilistischen Untersuchung werden über 200 stochastische Eingangsvariablen verwendet. Zur Beurteilung der Sensitivitäten zwischen Eingangs- und Ergebnisgrößen wird der nichtlineare Korrelationskoeffizient vorgestellt. In der Veröffentlichung von Oppermann et al. [73] wird eine probabilistische Untersuchung zur Lebensdauer von Turbinenschaufelbeschichtungen durchgeführt. Mit den Ergebnissen wird die reale Lebensdauerkurve der Turbinenschaufelbeschichtung extrapoliert. Die Unsicherheiten in der Vorhersage werden mit stochastischen Variablen berücksichtigt. Weihard et al. [97] führen eine Monte-Carlo Simulation zur Vorhersage von Axialspalten zwischen Stator und Rotor eines Turbo-Kompressors durch. Das Ziel der probabilistischen Untersuchung ist, durch die Berücksichtigung von Fertigungsabweichungen den Axialspalt zu optimieren und somit Baulänge und Gewicht des Kompressors zu reduzieren. GORELIK et al. [36] stellen einen probabilistischen Ansatz für das Lebensdauermanagement von Gasturbinenbauteilen vor. Dazu wird die Wahrscheinlichkeit zur Detektierung von Beschädigungen an Bauteilen als stochastische Variable betrachtet. Diese Information kann z.B. zur Optimierung von Inspektionsintervallen oder zur Bestimmung von Flottenrisiken genutzt werden. SPIELER et al. [85] präsentieren in ihrer Veröffentlichung ebenfalls einen probabilistischen Ansatz um das Leistungsverhalten eines Triebwerkes in den Abnahmetests und während der Laufzeit abzuschätzen. Damit soll eine gezielte Vorhersage zu Inspektionsintervallen ermöglicht werden. In dem probabilistischen Modell werden zufällige Ereignisse, das Überschreiten beobachteter Betriebskenngrößen sowie die Wartung aufgrund von fixen Intervallen berücksichtigt. MÜLLER et al. [65] stellen ein probabilistisches Modell zur Vorhersage von Inspektionsintervallen unter Berücksichtigung von Umwelteinflüssen und Betreiber vor. SCHRADE et al. [79] nutzten einen Formfaktor zur Berücksichtigung geometrischer Variabilität von gefertigten Verdichterschaufeln. Es ist beabsichtigt, Streuungen der Verdichterschaufelgeometrie, hervorgerufen durch Produktion und Verschleiß, mit dem Formfaktor in einem probabilistischen Modell zur Vorhersage von Wartungsintervallen zu implementieren.

Eine Vielzahl von Veröffentlichungen beschäftigt sich mit der Parametrisierung von Verdichter- und Turbinenschaufelgeometrien. Für parameterbasierte probabilistische Untersuchungen zum Einfluss von Fertigungsstreuungen muss sowohl die inverse Parametrisierung zur Erfassung der geometrischen Variabilität als auch die Abbildung dieser geometrischen Effekte in den numerischen Modellen gewährleistet sein. Eine häufig angewendete Methode für den parametrischen Profilaufbau sind B-Splines. Diese Freiformkurven zeichnen sich durch eine hohe geometrische Flexibilität sowie Krümmungsstetigkeit aus. GRÄSEL et al. [37] präsentieren eine Methode zum parametrischen Aufbau der Druck- und Saugseite zweidimensionaler Profilschnitte mit B-Splines. Profilvorderkante und -hinterkante werden über Winkel, Radius und Elliptizität beschrieben. Insgesamt ist jeder Profilschnitt mit 18 Parametern definiert. Das finale dreidimensionale Profil wird mit einen Flächen-NURBS auf Basis der zweidimensionalen Profilschnitte erzeugt. BÜCHE et al. [20] verwenden ebenfalls B-Splines zum parametrischen Profilaufbau einer Schaufelgeometrie und nutzen zusätzlich B-Splines zur radialen Approximation der zum Profilaufbau verwendeten Parameter. ANDERSON et al. [8] präsentieren unterschiedliche Ansätze die zweidimensionale Geometrie einer Turbinenschaufel mit Freiformkurven zu ändern. Durch die Anordnung der Stützpunkte eines mit B-Splines definierten Profils ergeben sich z.B. Gitter- oder Käfigmuster mit denen die Geometrie variiert werden kann. Ein weiterer Ansatz besteht in der Approximation einer Profilskelettlinie mit einem B-Spline, wodurch eine symmetrische Profiländerung möglich ist. KUMAR [53] stellt einen automatisierten Prozess vor, um neben den Fertigungsabweichungen von Verdichterschaufeln auch den Einfluss von Erosion auf den Wirkunsgrad von Verdichterschaufeln zu untersuchen. Für die Untersuchung an dem zweidimensionalen Profil werden B-Splines genutzt. Zudem wird eine Mehrkriterienoptimierung zur Gestaltung eines robusten Design durchgeführt. GROSSMANN et al. [38] nutzen B-Spline Flächen zur Abbildung von digitalisierten Schaufeln in CAD-Programmen. Dazu werden aus den STL-Daten einer digitalisierten Schaufel Profilschnitte extrahiert. Die erzeugten Profilpunkte werden in vier Segmente unterteilt und mit einer B-Spline Kurve approximiert. Aus den B-Splines eines Segmentes werden anschließend Freiformflächen generiert. Die inverse Parametrisierung von Schaufelprofilen mittels B-Splines ist eingeschränkt ebenfalls möglich und wird in den Veröffentlichungen von BRUJIC et al. [19] und RISTIC et al. [75] diskutiert. Grundsätzlich ist die inverse Parametrisierung an die Struktur der Kontrollpunkte, die für das

Design der betrachteten Schaufel verwendet wurden, gebunden.
SHAHPAR [81] empfiehlt die Hauptkomponentenzerlegung (engl. Principal Component Analysis - PCA) zur Berücksichtigung der geometrischen Variabilität von gefertigten Bauteilen. Einen ausführlichen Überblick zur Hauptkomponentenzerlegung gibt das Buch von JOLIFFE [46]. Am *Massachusetts Institute of Technology* existieren eine Vielzahl an Veröffentlichungen zur Anwendung der Hauptkomponentenzerlegung auf geometrischer Parameterstreuungen. GARZON [31] untersucht den Einfluss von Produktionsstreuungen einer Verdichterschaufel auf Wirkungsgrad und Druckverhältnis an einem zweidimensionalen Profilmittelschnitt. Grundlage bilden 150 Schaufeln, deren Schaufelblattgeometrie auf 13 radial verteilten Profilschnitten mit einer Koordinatenmessmaschine erfasst wurden. Mit einer Hauptkomponentenanalyse wurde die geometrische Variabilität an einem zweidimensionalen Profilmittelschnitt analysiert. LAMB [54] passt das von Garzon entwickelte Modell zur Hauptkomponentenanalyse auf 3D-Geometrien an. THAKUR [89] führt ausführliche Untersuchungen zu Fertigungsabweichungen der Kühlkanalgeometrie von Turbinenschaufeln sowie deren Einfluss auf die Lebensdauer durch. Die Positionierung des Kühlkanals innerhalb der Turbinenschaufelgeometrie wurde mit einem Ultraschallmessgerät erfasst. Auf die vorhandenen Messdaten wurde die Hauptkomponentenanalyse sowie die Fouriertransformation angewendet, um das Messrauschen zu minimieren und die realen Fertigungseffekte zu erkennen. Das FE-Netz zur Berechnung der Lebensdauer wurde mittels Meshmorphing entsprechend den Fertigungsstreuungen angepasst. Abschließend wurde eine Optimierung für ein robustes Design durchgeführt, um den Einfluss der Fertigungsstreuungen auf die Lebensdauer zu minimieren. SINHA [82] et al. nutzen Messdaten einer Koordinatenmessmaschine zur Rekonstruktion der Schaufelblätter von Verdichterschaufeln in einer CAD-Anwendung. Mit den erstellten Modellen werden anschließend FE-Untersuchungen zu den Eigenfrequenzen und Eigenformen der Schaufeln durchgeführt. Zur statistischen Auswertung der Messdaten wird die Hauptkomponentenzerlegung genutzt. LANGE et al. [58] erfassen ebenfalls die Fertigungsstreuungen von Verdichterschaufeln mit der Hauptkomponentenanalyse und versuchen die realen Schaufeln mit den Eigenformen parametrisch wiederaufzubauen. Dabei machen sie in ihrer Veröffentlichung auf Schwierigkeiten durch intermodale Zusammenhänge aufmerksam.
Ein weiterer Ansatz zur klassischen Parametrisierung von Verdichter- und Turbinenschaufelgeometrien basiert auf der Methode der NACA-Parametrisierung, JACOBS et al. [45] und LINDSEY et al. [60]. LANGE et al. [57] präsentieren in ihrer Arbeit die Ergebnisse einer probabilistischen Untersuchung zum Einfluss der Fertigungsstreuungen auf aerodynamische Kennwerte eine Hochdruckverdichterstufe. Für die Untersuchung wurden 150 Verdichterschaufeln mit einem optischen Streifenprojektionsverfahren digitalisiert und die geometrische Variabilität mittels NACA-Parametern erfasst. HEINZE et al [42] nutzen den gleichen Ansatz um den Einfluss von Fertigungsstreuungen auf die hochzyklische Ermüdung von Verdichterschaufeln zu untersuchen.
Weitere Möglichkeiten zur Berücksichtigung von Fertigungsstreuungen in der Numerik werden von SCHOENENBORN et al. [78] und MBAYE et al. [63] vorgestellt. SCHOENENBORN et al. nutzen triangulierte STL-Messdaten, die durch die Digitalisierung von Bliskschaufeln mit dem optischen Streifenprojektionsverfahren erzeugt wurden, für die Erstellung eines FE-Modells zur Untersuchung des Einflusses von Fertigungsabweichungen auf das Schwingungsverhalten der einzelnen Bliskschaufeln. Dadurch werden Ungenauigkeiten in der Parametrisierung und im parametrischen Profilaufbau vermieden. In der Veröffentlichung von MBAYE et al. werden Sektormasse und Steifigkeitsmatrizen von numerischen Modellen zur Schwingungsanalyse einer Blisk angepasst. Damit werden Streuungen in der Geometrie, der Masse oder dem E-Modul

realer Blisk in der Numerik berücksichtigt. Mit diesem Ansatz wird eine probabilistische Untersuchung durchgeführt, um die Effekte auf das Mistuning zu quantifizieren.

1.3 Einordnung und Zielsetzung der Arbeit

Aufbauend auf der Dissertation von Voigt [93], die einen detaillierten Überblick zu Vor- und Nachteilen probabilistischer Methoden gibt, liegt der Forschungsschwerpunkt der Arbeiten am Lehrstuhl für Turbomaschinen und Strahlantriebe der Technischen Universität Dresden sowohl in der Entwicklung neuer probabilistischer Methoden als auch in der Anwendung der Probabilistik auf turbomaschinenspezifische Probleme. Dadurch gelingt es zunehmend komplexe Sachverhalte zu verstehen und die richtigen Erkenntnisse aus den Ergebnissen der probabilistischen Untersuchungen für zukünftige Entwicklungen abzuleiten.
Mit dieser Arbeit wird erstmals eine Herangehensweise zur Ermittelung des Einflusses von Fertigungsstreuungen auf die hochzyklische Ermüdung realer Verdichterschaufeln mit einer probabilistischen Untersuchung vorgestellt. Der dazu entwickelte Prozess ermöglicht die Berechnung der Streuungen von Eigenfrequenzen, der Schwingfestigkeit af sowie der Eigenformen auf Basis der Fertigungsstreuungen. Damit können wertvolle Erkenntnisse zur Systemcharakteristik der realen Verdichterschaufeln gewonnen werden, die für die Auslegung eines robusten Design nötig sind. Eine Implementierung der Prozesskette in bestehende Designprozesse ermöglicht schon in der Auslegungsphase am Computer eine Robustheitsabschätzung von zukünftigen Verdichterschaufelgeometrien. Damit können zeit- und kostenaufwendige Redesigns vermieden werden. Weiterhin kann durch die Auswertung der probabilistischen Untersuchung gezielt Einfluss auf die Toleranzgrenzen genommen werden. Wo es nötig ist müssen die Toleranzgrenzen verringert werden, während für andere Parameter die Toleranzgrenzen vergrößert werden können. Damit lassen sich die Sicherheitsfaktoren reduzieren und somit eine Überdimensionierung vermeiden. Die erfassten Fertigungsstreuungen basieren auf einer Datenbasis von 410 digitalisierten Verdichterschaufeln. Die komplette Verdichterschaufelgeometrie wurde mittels optischen Streifenprojektionsverfahren digitalisiert, Holtzhausen et al. [44]. In Abschnitt 2.5 wird ein kurzer Überblick zur Digitalisierung von Bauteilen mit Koordinatenmessmaschinen und optischen Streifenprojektionsverfahren gegeben. Weiterhin wird die Messkampagne zur Digitalisierung der Verdichterschaufeln vorgestellt. Zur Erfassung der geometrischen Effekte im Schaufelblatt der digitalisierten Schaufeln wurden am Lehrstuhl mehrere Untersuchungen von Lange [55, 58] durchgeführt. Es hat sich gezeigt, dass mit einer Parametrisierung des Schaufelblatts in Anlehnung an NACA-Parameter eine zuverlässige Erfassung der geometrischen Effekte möglich ist. In Abschnitt 2.2 werden verschiedene Methoden zur Parametrisierung des Schaufelblatts sowie deren Vor- und Nachteile vorgestellt. Die in dieser Arbeit verwendete Parametrisierung des Schaufelblatts in Anlehnung an die NACA-Parametrisierung basiert auf den Erkenntnissen von Lange, nutzt jedoch den Triangulationsalgorithmus nach Delaunay und Voronoi zur Skelettlinienberechnung, Aurenhammer [11]. Die Parametrisierung des Schaufelblatts mit diesem Ansatz wird in Kapitel 3 vorgestellt. Weiterhin wird in diesem Kapitel die Parametrisierung des Übergangs von Schaufelblatt zur Plattform sowie von Plattform, Schaft und Schaufelfuss erläutert. In Kapitel 4 erfolgt anschließend eine Bewertung der parametrisierten Daten. Die Variabilität der berechneten geometrischen Parameter wird an den realen Schaufeln visuell überprüft. Weiterhin wird in diesem Kapitel die Vorgehensweise zur statistischen Auswertung der ermittelten Parameter vorgestellt. In Kapitel 5 wird eine Übersicht zur erstellten Prozesskette gegeben. Mit dieser Prozesskette ist es möglich, die digitalisierten Schaufeln mit

einem parametrischen Modell wiederaufzubauen. Basierend auf dieser Prozesskette erfolgt eine Validierung der angewendeten Methoden in Kapitel 6. Dazu werden die digitalisierten Schaufeln mit der vorgestellten Prozesskette parametrisch wiederaufgebaut und mit den digitalisierten Schaufeln verglichen. Weiterhin werden die Eigenfrequenzen von 10 repräsentativen Schaufeln sowie die Eigenformen von 2 Schaufeln experimentell und numerisch ermittelt und gegenübergestellt. Abschließend erfolgt in Kapitel 7 die Auswertung der probabilistischen Untersuchung. Dazu wird an drei Beispielen die Auswertung der Eigenfrequenzen, der Schwingfestigkeit af sowie der Eigenformen einer Monte-Carlo Simulation mit 100 Realisierungen mit den entsprechenden statistischen Werkzeugen vorgestellt.

2 Einführung zu ausgewählten Themen

In diesem Kapitel werden die Grundlagen zu den einzelnen Themengebieten dieser Arbeit vermittelt. Damit soll das Verständnis für die verwendeten Begriffe und Methoden erleichtert werden. In Abschnitt 2.1 wird zunächst auf den klassischen Verdichterentwurf eingegangen. In diesem Zusammenhang werden die in dieser Arbeit verwendeten Koordinatensysteme vorgestellt. Anschließend wird ein Überblick zu den Methoden zur Parametrisierung des Schaufelblatts gegeben, Abschnitt 2.2. In Abschnitt 2.3 wird auf Splines eingegangen, die bei der Parametrisierung und dem parametrischen Wiederaufbau der Verdichterschaufelgeometrien genutzt werden. Danach wird kurz auf den Fertigungsprozess von Verdichterschaufeln eingegangen, um ein Verständnis zu den fertigungsbedingten Abweichungen der Verdichterschaufelgeometrie aufzubauen, Abschnitt 2.4. In Abschnitt 2.5 wird auf die Digitalisierung der Verdichterschaufeln eingegangen. Mit der Digitalisierung kann die Qualität der gefertigten Schaufeln überprüft werden. Mit den Methoden zur geometrischen Parametrisierung werden aus den digitalisierten Daten zudem wichtige Informationen für die probabilistische Untersuchung gewonnen. In Abschnitt 2.6 wird auf den Begriff der hochzyklischen Ermüdung und die damit verbundenen Parameter eingegangen. In diesem Abschnitt wird auch der Schwingfestigkeitsparameter af vorgestellt. Anschließend werden in Abschnitt 2.7 Grundbegriffe zum strukturdynamischen Verhalten der Verdichterschaufeln eingeführt. Weiter wird auf Eigenfrequenzen und Eigenformen eingegangen. Mit den vorgestellten Gleichungen können vereinfacht händische Rechnungen zum Schwingungsverhalten der Schaufeln durchgeführt und mit den Ergebnissen der probabilistischen Untersuchung verglichen werden. In Abschnitt 2.8 werden schließlich die Monte-Carlo Simulation sowie weitere statistische Begriffe und Werkzeuge vorgestellt.

2.1 Klassischer Verdichterentwurf

Die Gestaltung moderner Verdichterschaufelgeometrien von der Konzeption bis hin zur detaillierten Auslegung ist ein hochgradig komplexer und kostenintensiver Prozess, Bestle et al. [15]. Es wird einerseits eine hohe aerodynamische Güte durch dünne und verwundene Schaufeln gefordert. Andererseits muss die strukturelle Integrität, die am Besten durch aufgedickte und unverwundene Schaufeln erreicht wird, gewährleistet sein. Mit rechnergestützten Entwurfs- und Optimierungsverfahren können schon in der frühen Entwicklungsphase einzelne Entwürfe bewertet und verbessert werden. Damit werden Kosten gesenkt und Entwicklungszeiten verkürzt. Abbildung 2.1 zeigt den interdisziplinären Entwicklungsprozess für ein robustes Verdichterschaufeldesign, Otto [67].
Der gesamte Entwurfsprozess kann in die aerodynamische Gestaltung der Schaufelblattgeometrie, die Erzeugung des CAD-Modells sowie die Festigkeitsberechnung unter Berücksichtigung der aerodynamischen Lasten unterteilt werden. Im ersten Schritt der aerodynamischen Auslegungsphase, der Mittelschnittsrechnung, wird die Ringraumgeometrie hinsichtlich Wirkungsgrad, Massendurchsatz, Pumpgrenzabstand und Gesamtdruckverhältnis ausgelegt. Zusätzlich erfolgt für die einzelnen Stufen die geometrische Dimensionierung sowie die Er-

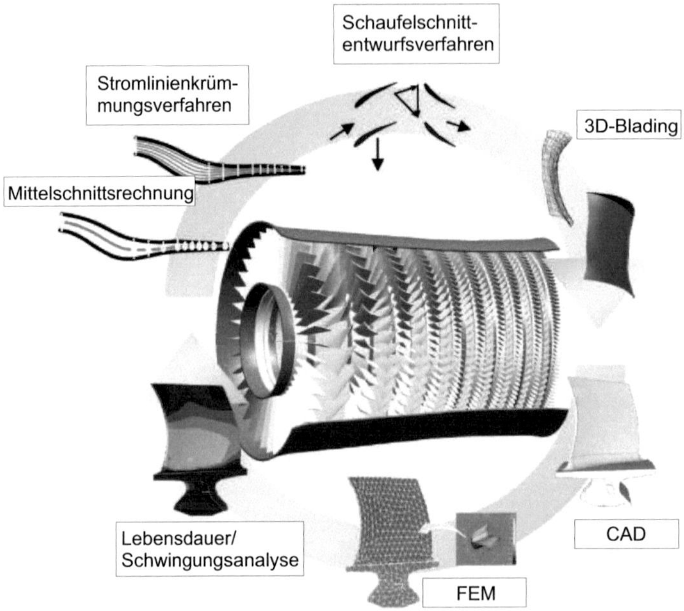

Abbildung 2.1 Interdisziplinärer Entwicklungsprozess für ein robustes Verdichterschaufeldesign, OTTO [67]

mittelung der aerodynamischen Randbedingungen wie Anström- und Abströmwinkel oder Temperatur und Druck. In der zweiten Phase, dem Stromlinienkrümmungsverfahren, werden die in der Mittelschnittrechnung ermittelten Kenngrößen auf Stromlinien für den gesamten Ringraum erweitert. Dadurch werden radiale Verteilungen der wichtigsten Auslegungsparameter wie Druckverteilung oder Abströmwinkel berechnet. Anschließend werden die Ergebnisse des Stromlinienkrümmungsverfahrens zur Definition geeigneter Schaufelprofilschnitte verwendet. Ziel ist es, die Strömungsumlenkung bei minimalen Strömungsverlusten im Auslegungspunkt sowie im Teil- und Überlastbereich zu gewährleisten. Für diesen iterativen Prozess auf Basis von Geometrieparametern existieren verschiedene Ansätze auf die in Kapitel 2.2 eingegangen wird. Durch radiale Auffädelung der einzelnen Profilschnitte wird anschließend das finale 3D-Schaufeldesigns erzeugt. Mit diesem Design wird eine 3D-CFD-Analyse zur abschließenden aerodynamischen Bewertung durchgeführt.

Nach der Definition des aerodynamischen Profils werden Plattform- und Schaufelfußdesign festgelegt, die sich an den geometrischen Randbedingungen zur Verbindung der Schaufel mit der Scheibe orientieren. Das erstellte Modell liegt im CAD-Format vor und kann für weitere Simulationen verwendet werden

Abschließend erfolgt die strukturelle Überprüfung des gesamten Schaufeldesigns. Dazu wird die 3D-Geometrie für eine FE-Analyse diskretisiert und mechanische Kenngrößen wie Eigenfrequenzen, Eigenformen und Spannungen ermittelt. In der Lebensdauer- und Schwingungsanalyse erfolgt schließlich die strukturelle Bewertung der Geometrie. Sind alle Zielgrößen eingehalten, so ist der Prozess des Schaufeldesigns abgeschlossen. Werden aufgrund der konträren Ziele zwischen Aerodynamik und Festigkeit die Zielgrößen nicht erfüllt, sind weitere Iterationsschleifen notwendig.

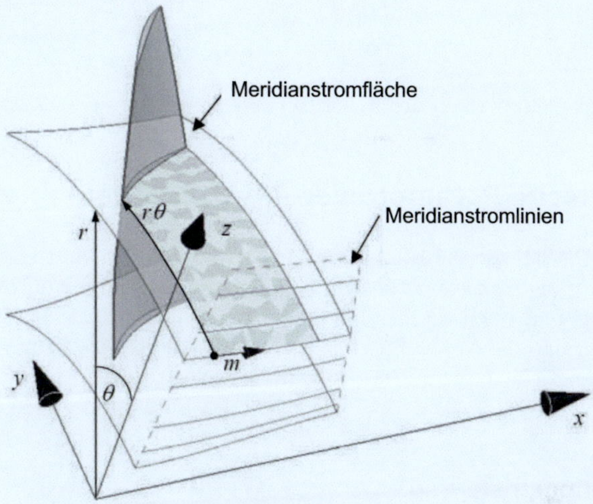

Abbildung 2.2 Verwendete Koordinatensysteme zur Schaufelauslegung, OTTO [67]

Die Erzeugung einer parametrisierten Verdichterschaufelgeometrie erfolgt ausgehend von kartesischen Koordinaten x, y, z im zweidimensionalen meridionalen Koordinatensystem $r\theta, m$ auf Basis von Meridianstromflächen. Diese Flächen sind im Zylinderkoordinatensystem r, θ, x definiert und orientieren sich am Verlauf der Stromlinien im Strömungskanal. Basierend auf Meridianstromlinien, die den axialen Verlauf der Stromlinien in Richtung Maschinenachse x definieren, werden diese Meridianstromflächen durch Rotation um die Maschinenachse x im Winkel $0° \leq \theta \leq 360°$ erzeugt.
Die Transformation von kartesischen Koordinaten in das Zylinderkoordinatensystem erfolgt mit

$$\begin{aligned} r &= \sqrt{y^2 + z^2} \\ \theta &= arctan\left(\frac{y}{z}\right) \\ x &= x. \end{aligned} \tag{2.1}$$

Die Profilschnitte werden weiter in das meridionale $r\theta, m$ Koordinatensystem transformiert. Dadurch wird die 3D-Geometrie des Profilschnittes in den 2D-Raum überführt. Die meridionale Koordinate $m(x)$ berechnet sich zu

$$m(x) = m_0 + \int_{x_0}^{x} \sqrt{1 + \left(\frac{dr}{dx}\right)^2} dx \tag{2.2}$$

mit $m_0 = m(x_0)$. Die Rücktransformation in kartesische Koordinaten erfolgt mit:

$$\begin{aligned} x &= x_0 + \int_{m_0}^{m} \sqrt{1 - \left(\frac{dr}{dm}\right)^2} dm \\ y &= r sin(\theta) \\ z &= r cos(\theta) \end{aligned} \tag{2.3}$$

Abbildung 2.2 zeigt die innerhalb der Arbeit verwendeten Koordinatensysteme, OTTO [67].

2.2 Geometrische Parametrisierung von Schaufelgeometrien

In den folgenden Abschnitten 2.2.1-2.2.4 werden unterschiedliche Ansätze zum parametrisierten Aufbau sowie zur inversen geometrischen Parametrisierung von Schaufelprofilen vorgestellt. Dazu wird auf Vor- und Nachteile der Methoden mit Hinblick auf eine statistische Auswertung der Parameter und die Anwendung für probabilistische Untersuchungen eingegangen. In Abschnitt 2.2.5 erfolgt eine Gegenüberstellung der einzelnen Methoden sowie eine Zusammenfassung.

2.2.1 NACA-Parametrisierung

Das *National Advisory Committee for Aeronautic* (NACA) hat erstmals in den 1930er Jahren experimentelle Windkanaluntersuchungen zu Auftriebs- und Widerstandsbeiwerten von 78 unterschiedlichen Tragflügelprofilen durchführen lassen und die Ergebnisse dokumentiert, JACOBS et al. [45]. Je nach Anwendung konnten so anhand der Untersuchungen die Tragflügelprofile mit optimalen aerodynamischen Kennwerten ausgewählt werden.
Den untersuchten Profilen wurde eine vierstellige Nummer zugewiesen, anhand derer die geometrischen Parameter sowie die Berechnungsvorschrift zur Konstruktion der Geometrie abgeleitet werden können. So sind in der vierstelligen Nummerierung der ersten NACA-Profile die geometrischen Parameter maximale Profilwölbung w_{max}, Wölbungsrücklage x_w sowie maximale Profildicke t_{max} explizit definiert. Anhand dieser klassischen Benennung der Parameter lässt sich der Zusammenhang zur Profilform eindeutig ableiten. So kann der Parameter maximale Profildicke t_{max} eindeutig der größten Dicke des Profils zugeordnet werden. Eine Variation dieses Parameters ist direkt mit der Profildicke verbunden.
Abbildung 2.3 zeigt das NACA-Profil 6321 mit Sehnenlinie und Profilmittellinie sowie der entsprechenden Profilform. Einige für die Konstruktion notwendige Parameter wurden in den ersten Untersuchungen nicht verändert. So beträgt z.B. die Dickenrücklage x_t der vierstelligen Tragflügelgeometrien immer 30%. Für später untersuchte Geometrien wurde die Nummerierung erweitert (z.B. LINDSEY et al. [60]), so dass mehr Parameter variiert werden können.

Die Konstruktion der Tragflügelgeometrie erfolgt auf Basis einer Sehnenlinie, die die Länge des Profils definiert. Entlang dieser Sehne wird eine Profilmittellinie mit entsprechender Wölbung aufgetragen, wodurch die Krümmung des Profils festgelegt wird. Dieser Wölbungsverlauf ist in einer Wölbungsverteilung definiert. Die äußere Form des Profils wird durch die Dickenverteilung festgelegt. Aus dieser Verteilung kann entlang der Sehne die Profildicke abgeleitet

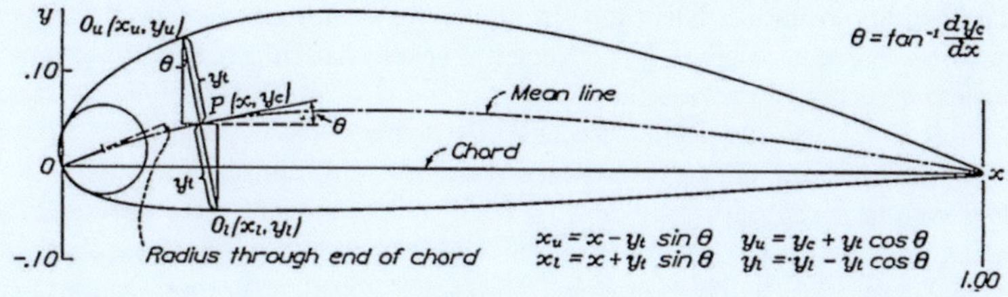

Abbildung 2.3 Das NACA-Profil 6321 mit Sehne, Profilmittellinie und Profilform, Jacobs et al. [45]

werden. Zur Konstruktion des Profils werden auf der Profilmittellinie entsprechend der Dickenverteilung Kreise mit dem dazugehörigen Durchmesser aufgetragen und tangential miteinander verbunden.

Zur inversen Parametrisierung dieser Tragflügelgeometrien wird in der Regel die Rollradienmethode angewendet (auf weitere Methoden wird in den Abschnitten 2.2.2 und 3.2 eingegangen). Mit der Rollradienmethode werden virtuelle Kreise mit unterschiedlichen Durchmessern entlang der Profilinnengeometrie abgerollt. Je nach Wahl des Kreisdurchmessers werden durch das Abrollen Linien mit unterschiedlichen Abstand zum Profil erzeugt. Die Schnittpunkte der Linien mit gleichen Kreisdurchmesser definieren einen Punkt der Profilmittellinie. Durch Extrapolation der erzeugten Profilmittellinie in die Vorder- bzw. Hinterkante werden die entsprechenden Durchstoßpunkte mit dem Profil berechnet. Die Verbindung der beiden Durchstoßpunkte definiert die Profilsehne. Anschließend wird die Wölbungsverteilung ermittelt, indem entlang der Profilsehne der senkrechte Abstand zwischen Profilsehne und Profilmittellinie berechnet wird. Der dazugehörige Durchmesser der abgerollten Kreise wird in die Dickenverteilung eingetragen.

Diese Methode ist außerordentlich flexibel und eignet sich für jedes Schaufelprofil unabhängig der Profilform. Die geometrischen Parameter sind unter Turbomaschineningenieuren bekannt und können für fachbereichsübergreifende Diskussionen genutzt werden. Je nach Profilform müssen jedoch weitere geometrische Parameter eingeführt werden, um das Profil exakt zu definieren.

2.2.2 Modifizierte NACA-Parametrisierung nach Lange

Die Parametrisierung von Schaufelprofilen nach Lange [55, 56] erfolgt entsprechend der Idee der NACA-Parametrisierung. Die Definition der geometrischen Parameter bleibt erhalten. Der Unterschied besteht lediglich in der Definition der Profilmittellinie sowie der Profildicke.

Die NACA-Parametrisierung nutzt sowohl zum parametrisierten Aufbau als auch zur inversen Parametrisierung der Profile Kreise mit einem definierten Durchmesser. Dieser Ansatz hat die Eigenschaft, dass sich an Profilober- bzw. Profilunterseite abgetragene Normalen eines Kreises direkt auf der Profilmittellinie schneiden. Sowohl Profilmittellinie als auch Profildicke werden somit normal zum Profil definiert.

Mit dem Ansatz nach Lange wird zunächst analog zur NACA-Parametrisierung auf Basis einer definierten Sehne der Wölbungsverlauf der Profilmittellinie erstellt. Die Konstruktion der äußeren Profilform erfolgt jedoch nicht mit Kreisen. Stattdessen wird ausgehend von der Profilmittellinie normal in Richtung Profilober- bzw. -unterseite die Dicke entsprechend der Dickenverteilung abgetragen. Zur inversen Parametrisierung der Profilgeometrie nutzt LANGE einen zweistufigen Prozess. Zunächst wird analog zur NACA-Parametrisierung eine Profilmittellinie auf Basis der Rollradienmethode erzeugt. Anschließend wird basierend auf dieser Profilmittellinie mit einem iterativen Prozess die Profilmittellinie so verschoben, dass der Abstand von der Profilmittellinie normal zur Profilober- bzw. -unterseite identisch ist. Abbildung 2.4 zeigt die Definition der Profilmittellinie nach LANGE am Beispiel eines Verdichterprofils. Die Dicke der Schaufelgeometrie (schwarze Punkte) ist normal (schwarz Linien) zur Profilmittellinie (rot) definiert.

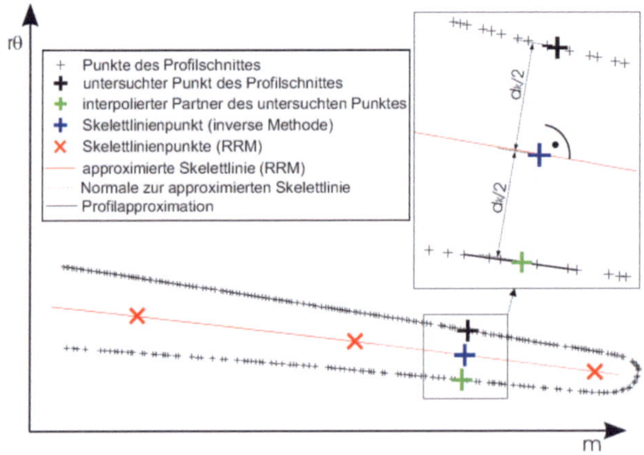

Abbildung 2.4 Skizze zur Definition der Profilmittellinie, LANGE [56]

LANGE nutzt diesen Ansatz zur Implementierung von Verdichterschaufelgeometrien in numerischen Anwendungen zur probabilistischen Strömungssimulation. Der parametrisierte Aufbau gewährleistet eine schnelle und einfache Generierung der Profile unter Beibehaltung der strukturierten Netzgeometrie. Von Vorteil ist, analog zur NACA-Parametrisierung, dass sich an der Benennung der Parameter der Einfluss auf die Geometrieform ableiten läßt. Dieser Ansatz eignet sich jedoch nicht für stark gekrümmte Profile (z.B. Turbinenschaufelprofile). Die Definition der Profildicke normal zur Profilmittellinie kann bei diesen Profilen zu Überschneidungen der Profilform führen.

2.2.3 Parametrisierung mittels B-Splines

Ein weiterer Ansatz zur Parametrisierung von Schaufelprofilen kann mittels parametrisierter Kurven (siehe Abschnitt 2.3) verfolgt werden, PIEGL et al. [69]. Der parametrische Kurvenverlauf $C(u)$ einfacher B-Splines wird durch Kontrollpunkte $\mathbf{b}$ sowie ein Basispolynom $N_{i,p}$ mit dem Grad p gesteuert. Gleichung 2.4 zeigt die Berechnungsvorschrift für B-Splines.

$$C(u) = \sum_{i=0}^{n} N_{i,p}(u)\, b_i \quad 0 \leq i \leq n \tag{2.4}$$

Die Anwendung dieser B-Splines auf Turbinen- und Verdichterschaufelprofile wird in der Veröffentlichung von GRÄSEL et al. [37] und in der Disseration von KESKIN [47] gezeigt. Dazu wird das Profil zunächst in die Bereiche Vorderkante (VK), Hinterkante (HK), Saugseite (SS) und Druckseite (DS) unterteilt. Die einzelnen Bereiche werden krümmungsstetig miteinander verbunden. Vorderkante und Hinterkante sind über Radien definiert. Saugseite und Druckseite werden mittels B-Splines parametrisiert.

Abbildung 2.5 zeigt die Parametrisierung der Saugseite einer Verdichterschaufel mit 8 Kontrollpunkten $\mathbf{b}^{SS}$, KESKIN [47]. Dabei ist an den Punkten b_0^{SS} bzw. b_7^{SS} der Übergang zu Vorderkante bzw. Hinterkante definiert. Die Punkte b_1^{SS},b_2^{SS} bzw. b_5^{SS},b_6^{SS} sind von der Geometrie an Vorderkante bzw. Hinterkante abhängig, so dass lediglich die Kontrollpunkte b_3^{SS} und b_4^{SS} und deren Position frei einstellbar sind. Eine Änderung der Kontrollpunkte wirkt sich direkt auf den Profilverlauf der Saugseite aus.

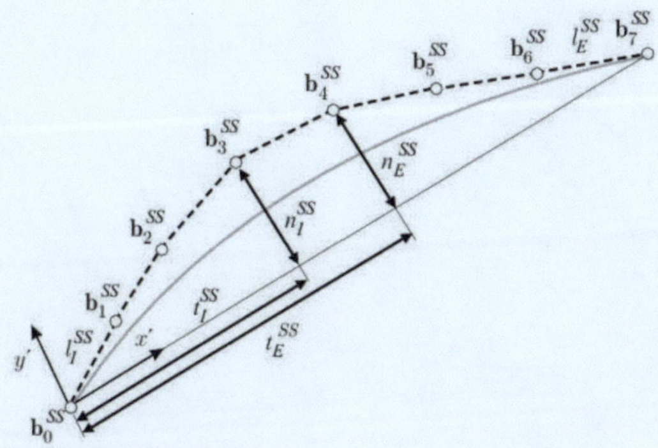

Abbildung 2.5 Parametrisierung der Saugseite einer Verdichterschaufelgeometrie mittels B-Splines, KESKIN [47]

Die inverse Parametrisierung von Schaufelprofilen mittels B-Splines ist eingeschränkt ebenfalls möglich und wird in den Veröffentlichungen von BRUJIC et al. [19] und RISTIC et al. [75] diskutiert. Grundsätzlich ist die inverse Parametrisierung an die Struktur der Kontrollpunkte, die für das Design der betrachteten Schaufel verwendet wurden, gebunden. Damit kann die inverse Parametrisierung nur für kleine Geometrieänderungen eingesetzt werden, da sonst die Zuordnung der Profilformbereiche zu den Kontrollpunkten verloren geht.

Durch die Anwendung von B-Splines für die Parametrisierung von Schaufelgeometrien können flexible Profilgeometrien erzeugt werden. Die Möglichkeit den Kurvenverlauf mit wenigen Kontrollpunkten zu steuern und Unstetigkeiten auszuschließen, haben die B-Splines zu einem geeigneten Mittel zur Profilparametrisierung gemacht. Nachteilig ist jedoch, dass kein eindeutiger Zusammenhang zwischen der Benennung der Kontrollpunkte und der Profilgeometrie besteht, was die Interpretation der Parameter erschwert.

2.2.4 Hauptkomponentenzerlegung

Die Hauptkomponentenzerlegung ist ein Verfahren, um umfangreiche Datensätze zu strukturieren und zu analysieren. Am *Massacchusetts Institute of Technology* (MIT) ist in den letzten Jahren ein Vielzahl an Veröffentlichungen zur Parametrisierung gefertigter Verdichterschaufeln mittels der Hauptkomponentenzerlegung entstanden, u.a. GARZON [31] und LAMB [54].
Die Hauptkomponentenzerlegung berechnet Eigenvektoren und Eigenwerte einer Matrix $\mathbf{X}$, die die zu untersuchenden Geometrien enthält. Die Berechnung der Hauptkomponenten erfolgt über die Singulärwertzerlegung (SVD) mit

$$\mathbf{X} = \mathbf{U\Sigma V^T}. \qquad (2.5)$$

Dabei beinhaltet die Matrix $\mathbf{V^T}$ die Eigenvektoren. Der Ausdruck $\mathbf{U\Sigma}$ stellt die korrespondierenden Amplituden dar. Aufgrund der Methodik ist die Anzahl der für die Auswertung verwendeten Geometrien mit der Anzahl der berechneten Eigenformen identisch.

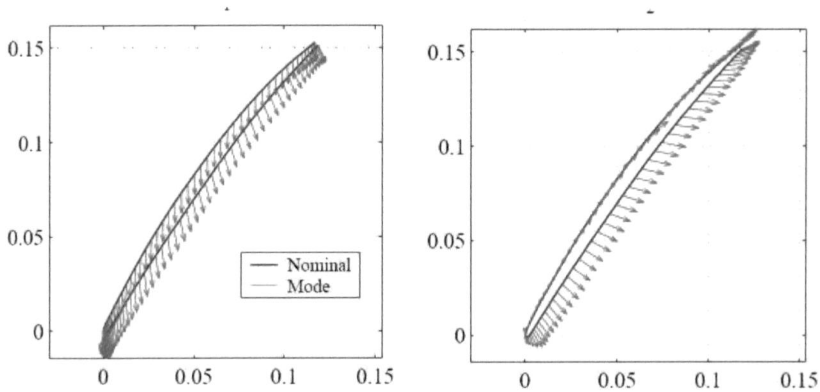

Abbildung 2.6 Eigenformen gefertigter Verdichterschaufelgeometrien, GARZON [31]

Abbildung 2.6 zeigt zwei Eigenformen mit den entsprechenden Eigenvektoren einer diskretisierten Verdichterschaufelgeometrie, nach GARZON [31]. Ausgehend von dem nominalen Design sind durch die Pfeile die Eigenvektoren der diskreten Verdichterschaufelgeometrie dargestellt. Eine gedachte Verbindung der Pfeilspitzen repräsentiert die dazugehörige Eigenform. In den Eigenformen ist die Fertigungsabweichung wiederzuerkennen. Auf der linken Abbildung ist zu erkennen, dass die Eigenform eine Verschiebung der gefertigten Profile in Richtung Druckseite andeutet. Auf der rechten Abbildung kann eine Aufdickung der Schaufel auf der Druckseite in die Eigenform interpretiert werden.
Sowohl der parametrisierte Profilaufbau als auch die inverse Parametrisierung von diskreten Verdichterschaufelgeometrien ist mit der Hauptkomponentenzerlegung möglich. Anhand von wenigen Eigenformen können die wichtigsten geometrischen Effekte erfasst werden. Eine Interpretation der Eigenformen ist jedoch nur mit einer visuellen Überprüfung möglich. Ein in der Literatur häufig angebrachter Vorteil der Hauptkomponentenzerlegung, für den Profilaufbau nur die Eigenformen zu verwendeten, die den größten Anteil an der gesamten Variabilität

haben, muss mit Vorsicht betrachtet werden. Ein Großteil der geometrischen Variabilität kann zwar mit diesen Eigenformen berücksichtigt werden, jedoch können wichtige geometrische Effekte (z.B. für aerodynamische Untersuchungen) unberücksichtigt bleiben. LANGE et al. [58] machen in ihrer Veröffentlichung die Schwierigkeiten beim Profilaufbau von gefertigten Verdichterschaufeln mit der Hauptkomponentenzerlegung durch intermodale Zusammenhänge deutlich.

2.2.5 Zusammenfassung

Die in diesem Abschnitt vorgestellten Methoden zum parametrisierten Profilaufbau sowie zur inversen Parametrisierung von gefertigten Verdichter- bzw. Turbinenschaufelgeometrien zeigen unterschiedliche Ansätze zur Berücksichtigung der geometrischen Variabilität auf. Mit Blick auf die in dieser Arbeit durchzuführende probabilistische Untersuchung zum Einfluss von Fertigungsstreuungen auf die hochzyklische Ermüdung ist es erforderlich, dass mit der Methode die geometrischen Effekte der gefertigten Verdichterschaufeln ausreichend erfasst und durch einen parametrisierten Aufbau wieder abgebildet werden können. Eine flexible Methode für unterschiedliche Profile ist sinnvoll, da damit der Prozess auch auf andere Geometrien übertragen werden kann. Weiterhin ist es notwendig, dass anhand der geometrischen Parameter ein eindeutiger Zusammenhang zum parametrischen Modell besteht. Das erleichtert die Interpretation der Fertigungsstreuungen, die Diskussion mit unterschiedlichen Fachbereichen die an der Entwicklung und Fertigung von Verdichter- und Turbinenschaufeln beteiligt sind sowie die statistische Auswertung der probabilistischen Untersuchung. Die Anzahl der geometrischen Parameter, die zur Beschreibung eines Profils nötig sind, sollte minimiert werden. Ziel ist es, mit möglichst wenig Parametern die geometrische Variabilität ausreichend zu erfassen. Durch wenige aussagekräftige Parameter wird die statistische Auswertung sowie die Interpretation der Ergebnisse ebenfalls erleichtert.

Ein flexibler parametrisierter Profilaufbau verbunden mit einer zuverlässigen inversen Parametrisierung sowohl für Verdichter- als auch für Turbinenschaufelprofile kann nur mit der klassischen NACA-Parametrisierung sowie mit der Hauptkomponentenzerlegung erreicht werden. Die NACA-Parametrisierung nach LANGE bleibt auf Verdichterschaufelprofile beschränkt. Der Zusammenhang der geometrischen Parameter zur Profilform, und damit die Interpretation statistischer Ergebnisse, ist mit der klassischen NACA-Parametrisierung und der NACA-Parametrisierung nach LANGE gewährleistet. Die Interpretation von B-Spline Kontrollpunkten sowie Eigenformen der Hauptkomponentenzerlegung ist dagegen nur durch eine visuelle Überprüfung möglich, wodurch die statistische Auswertung erschwert wird.

Für die Beschreibung der Variationen einer zweidimensionalen Verdichter- bzw. Turbinenschaufelgeometrie sind bei der klassischen NACA-Parametrisierung und der NACA-Parametrisierung nach LANGE mindestens 14 Parameter erforderlich. Je nach Anwendung (z.B. Untersuchung zum aerodynamischen Wirkungsgrad bzw. zur Lebensdauer) oder Komplexität des Profils müssen weitere Parameter eingesetzt werden, um die geometrischen Effekte abzubilden. GRÄSEL et al. [37] nutzen 18 Parameter zur Beschreibung eines Profils mit B-Splines. Die Anzahl der Eigenformen für die Hauptkomponentenzerlegung richtet sich nach der Anzahl der verwendeten Geometrien. Zur Parametrisierung von dreidimensionalen Geometrien können für die klassische NACA-Parametrisierung und die NACA-Parametrisierung nach LANGE Synergieeffekte der zweidimensionalen Profilschnitte verwendet werden. Dadurch erhöht sich die Anzahl der Parameter nur geringfügig. Zur Erstellung von dreidimensionalen Schaufelgeometrien mittels B-Splines und auf Basis der Hauptkomponentenzerlegung steigt die

Anzahl der Parameter mit der Anzahl der Profilschnitte proportional an. Für den Profilaufbau auf Basis der NACA-Parametrisierung und der Hauptkomponentenzerlegung sind zusätzlich Referenzgeometrien erforderlich.
In Tabelle 2.1 sind die vorgestellten Methoden sowie die genannten Anforderungen in einer Matrix gegenübergestellt. Eine Erfüllung der Anforderungen ist mit einem "x" gekennzeichnet. Mit der klassischen NACA-Parametrisierung können die Anforderungen hinsichtlich Flexibilität, Interpretation der Ergebnisse sowie minimale Parameteranzahl erfüllt werden, weshalb diese Methode in dieser Arbeit angewendet wird.

	Flexibilität	Interpretation	Parameteranzahl
Klassische NACA-Parametrisierung	x	x	x
NACA-Parametrisierung nach LANGE		x	x
B-Splines			
Hauptkomponentenzerlegung	x		

Tabelle 2.1 Gegenüberstellung der Parametrisierungsmethoden

2.3 Parametrisierte Kurven

Der Einsatz von parametrisierten Kurven für den parametrisierten Profilaufbau sowie die inverse Parametrisierung von Verdichterschaufelgeometrien wird in dieser Arbeit nicht verfolgt (siehe vorheriges Kapitel 2.2). Jedoch wird zur Erstellung von Kurvenverläufen mit gleichmäßig diskretisierten Punkten auf parametrisierte Kurven in Form von B-Splines bzw. zur Erstellung von dreidimensionalen Flächen auf parametrisierte Flächen in Form von dreidimensionalen NURBS zurückgegriffen. Deshalb soll in diesem Kapitel ein kurzer Überblick zu parametrisierten Kurven gegeben werden. Für ausführliche Information zur Berechnungsvorschrift sei auf das Buch von PIEGL et al. [69] verwiesen.

Die Mathematiker CASTELJAU und BÉZIER haben zu Beginn der 1960er Jahre unabhängig voneinander eine Methode zur Modellierung einer parametrischen Kurve entwickelt. Gegenüber der Interpolation von Stützpunkten **P** mittels Polynomen nutzt die nach BÉZIER benannte Methode [16, 17] Steuerpunkte **b** zur Erzeugung eines Kontrollpolygons. Auf Basis des Kontrollpolygons kann ein parametrischer Kurvenverlauf erzeugt werden.
Der parametrische Kurvenaufbau hat wesentliche Vorteile gegenüber der Anwendung von Polynomen:

- Es besteht ein stetiger Kurvenverlauf, der je nach Art der Kurve krümmungsstetig sein kann.
- Der Kurvenverlauf kann durch eine geringe Anzahl an Steuerpunkten kontrolliert werden.
- Die Rechenzeit zur Erzeugung des Kurvenverlaufs verringert sich.

Auf Basis der Methodik nach BÉZIER wurden später B-Splines und NURBS entwickelt, bei denen der Einfluss der Steuerpunkte **b** auf den Kurvenverlauf lokal begrenzt ist.

2.3.1 Bézier-Kurven

Der Grundgedanke einer Kurvendarstellung nach BÉZIER basiert auf der Verwendung von $n+1$ Steuerpunkten $b_0, \ldots, b_n$, die den gesamten Kurvenverlauf definieren. Diese Punkte bilden ein Kontrollpolygon in dem sich die Bézier-Kurve befindet. Zu erkennen ist dieser Zusammenhang in der Abbildung 2.7 rechts. Der Verlauf des Kontrollpolygons auf Basis der

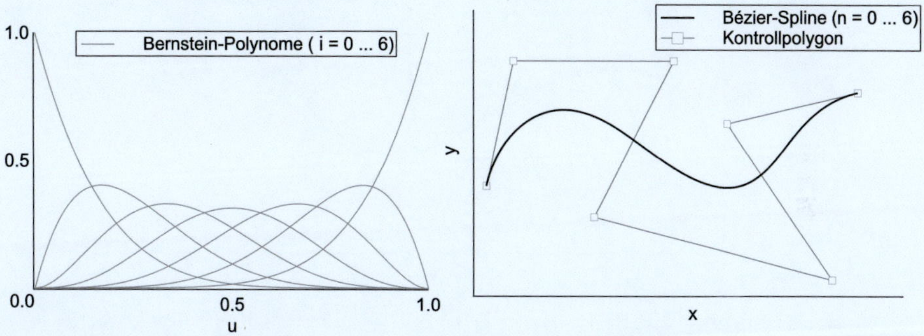

Abbildung 2.7 Links: Verlauf der Bernsteinpolynome $B_{i,n}(u)$; Rechts: Bézier-Kurve $C(u)$ mit umgebendem Kontrollpolygon

Steuerpunkte $b_0, \ldots, b_n$ ist durch eine grau Linie dargestellt. Die Bézier-Kurve (schwarz) ist zwischen dem Anfangspunkt b_0 und dem Endpunkt b_n definiert.
Nach der Bildungsformel für Bézier-Kurven

$$C(u) = \sum_{i=0}^{n} B_{i,n}(u)\, b_i \quad 0 \leq u \leq 1 \tag{2.6}$$

ist der Kurvenverlauf in analytischer Form als $C(u)$ definiert. Durch diese Definition sind für ein gegebenes u die Raumkoordinaten eines Punktes auf der Bézier-Kurve berechenbar. Weiterhin gilt, dass die Laufvariable u der Beschränkung $0 \leq u \leq 1$ unterliegt. Für $u = 0$ ist b_0 erreicht und für $u = 1$ der Punkt b_n. Alle weiteren $u \neq 0; 1$ definieren einen Punkt entlang von $C(u)$.
Der gesamte Kurvenverlauf wird neben dem Kontollpolygon anteilig durch Bernsteinpolynome $B_{i,n}$ definiert. In Gleichung 2.7 sind die i-ten Bernstein-Polynome

$$B_{i,n}(u) = \frac{n!}{i!\,(n-i)!} u^i (1-u)^{n-1} \tag{2.7}$$

zusammengefasst. Abbildung 2.7 links zeigt den Verlauf der Bernsteinpolynome für sieben Steuerpunkte. Hierbei wird deutlich, dass die Summation der einzelnen Bernstein-Polynome bei gegebenem u immer 1 ergibt und das $B_{i,n}(u) \neq 0$ für $0 < u < 1$ gilt.
Unter Beachtung von Gleichung 2.6 wird die Funktionsweise der Bézier-Kurve deutlich. Alle Kontrollpunkte gehen bei $0 < u < 1$ in die Bildung eines Punktes auf $C(u)$ ein, wobei sie mittels $B_{i,n}(u)$ eine anteilige Bedeutung erfahren. Bei komplexen Kontrollpolygonen ist es oft von Nachteil, dass alle Steuerpunkte Einfluss auf den Kurvenverlauf nehmen. Kleine Veränderungen

eines beliebigen Kontrollpunktes b_i können in anderen Bereichen eine unerwünscht deutliche Veränderung von $C(u)$ bewirken. Abbildung 2.8 zeigt den erwähnten Einfluss der Verschiebung des Steuerpunktes b_4 auf den erzeugten Kurvenverlauf.

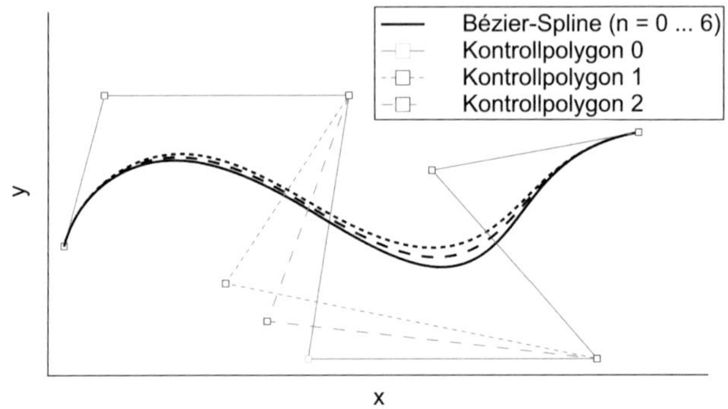

Abbildung 2.8 Bézier-Kurve $C(u)$ mit verändertem Kontrollpolygon

2.3.2 B-Splines

Um den Einfluss der Steuerpunkte einer Bézier-Kurve auf den gesamten Verlauf von $C(u)$ zu beschränken, wird anstatt des Bernsteinpolynoms $B_{i,n}(u)$ eine Basisfunktion $N_{i,p}(u)$ genutzt. Der Einfluss der Basisfunktion auf den gesamten Kurvenverlauf $C(u)$ beschränkt sich auf lokale Bereiche von u. Die Basisfunktion $N_{i,p}(u)$ mit dem Grad p wird nach folgender Gleichung berechnet.

$$\begin{aligned} N_{i,p}(u) = & \frac{u - u_i}{u_{i+p} - u_i} N_{i,p-1}(u) + \\ & + \frac{u_{i+p+1} - u}{u_{i+p+1} - u_{i+1}} N_{i+1,p-1}(u) \quad p > 0 \end{aligned} \tag{2.8}$$

Wird aus Gleichung 2.8 der Quotient 0/0 generiert, ist das Ergebnis des Quotienten übergeordnet mit Null definiert. Die B-Spline Kurve $C(u)$ mit Grad p wird nach Gleichung 2.9 berechnet.

$$C(u) = \sum_{i=0}^{n} N_{i,p}(u)\, b_i \quad 0 \leq i \leq n \tag{2.9}$$

Abbildung 2.9 links stellt die Basispolynome für sieben Steuerpunkte dar. Der Einfluss der Basispolynome ist lokal auf die Steuerpunkte begrenzt. Abbildung 2.9 rechts zeigt den Einfluss des Grades p des Basispolynoms auf den Kurvenverlauf. Für $p = 1$ sind der B-Spline und das zugehörige Kontrollpolygon deckungsgleich. Mit steigendem p vergrößert sich der Abstand zwischen dem Kurvenverlauf $C(u)$ und dem Verlauf des Kontrollpolygons.

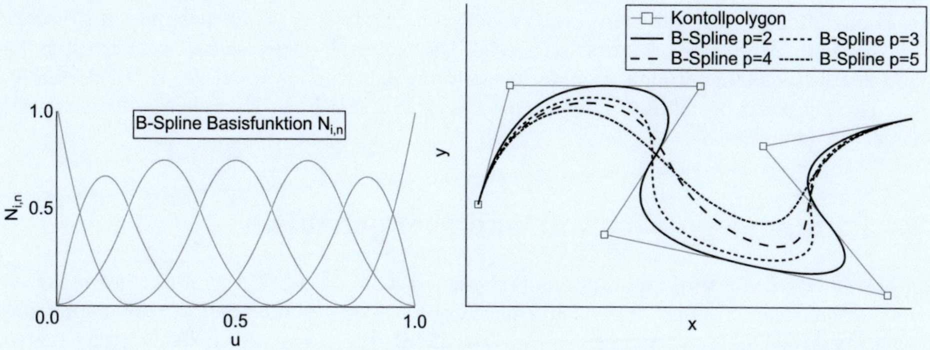

Abbildung 2.9 Links: B-Spline Basispolynom; Rechts: Kontollpolygon mit B-Splines für unterschiedlichen Grad p

2.3.3 NURBS

Der Begriff NURBS bezeichnet *Non Uniform Rational B-Splines* (nicht gleichmäßig rationale B-Splines). Gegenüber den klassischen B-Splines werden die Steuerpunkte des Kontrollpolygons b_i zusätzlich mit dem Faktor ω_i gewichtet. Gleichung 2.10 zeigt die Bildungsvorschrift für NURBS.

$$C(u) = \frac{\sum_{i=0}^{n} N_{i,p}(u)\,\omega_i b_i}{\sum_{i=0}^{n} N_{i,p}(u)\,\omega_i} \tag{2.10}$$

$N_{i,p}(u)$ sind die aus Abschnitt 2.3.2 bekannten B-Spline Basispolynome. b_i stellen die Steuerpunkte des Kontrollpolygons dar. Mit $\omega_i \geq 0$ ist es möglich, den lokalen Verlauf von $C(u)$ im Einflussgebiet von b_i in der Form zu verändern, dass sich der NURBS an die Kontur des Kontrollpolygons annähert oder entfernt. Im Gegensatz zum B-Spline ist es nicht nötig, den Grad der Kurve zu verändern. Erhalten alle ω_i den Wert von eins, so stellt Gleichung 2.10 die Bildungsvorschrift eines B-Splines dar. Damit ist der B-Spline eine Sonderform des NURBS.

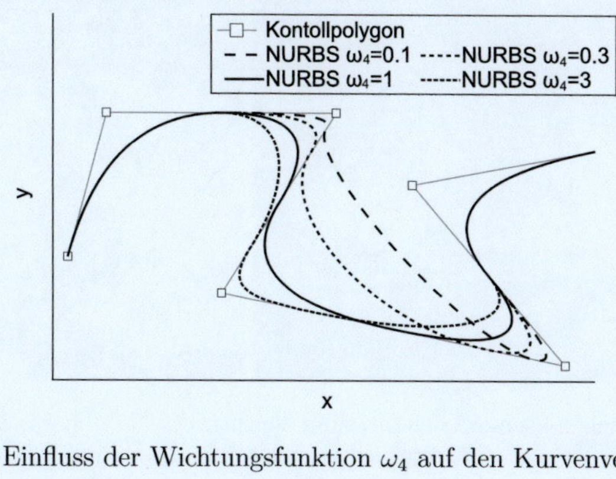

Abbildung 2.10 Einfluss der Wichtungsfunktion ω_4 auf den Kurvenverlauf eines NURBS

In Abbildung 2.10 wird der Einfluss eines variierten Wertes von ω_4 für den vierten Kontrollpunktes b_4 auf den Kurvenverlauf $C(u)$ gezeigt. Das Kontrollpolygon selbst bleibt erhalten. Es wird deutlich, dass die Modifikation der Gewichtung den Kurvenverlauf des NURBS lokal an dem Kontrollpunkt beeinflusst. Für ein größeres ω_4 nähert sich der Kurvenverlauf zunehmend an den Steuerpunkt an.

2.4 Fertigungsprozess von Verdichterschaufeln

In diesem Abschnitt wird kurz auf das Fertigungsverfahren sowie die Produktionstoleranzen von geschmiedeten Verdichterschaufeln eingegangen. Als weiterführende Literatur werden das Buch von Adam [6] zur Fertigung von Flugzeugtriebwerken sowie die im Abschnitt genannten Quellen empfohlen.
Die im Entwurfsprozess ermittelte optimale Schaufelgeometrie stellt einen Kompromiss aus einem hohem aerodynamischen Wirkungsgrad und der strukturellen Integrität dar, siehe auch Abschnitt 2.1. Dieses optimale Schaufeldesign wird anschließend unter Angabe von Fertigungstoleranzen gefertigt. Die Festlegung der Fertigungstoleranzen erfolgt unter qualitativen und wirtschaftlichen Aspekten, wobei die zu erwartenden Stückzahl, die Oberflächengüte sowie die Geometrietreue berücksichtigt werden.
Zur Herstellung von Verdichterschaufeln kommen überwiegend Titanlegierungen zum Einsatz. Dieser Werkstoff zeichnet sich durch eine hohe spezifische Festigkeit (statische und dynamische Festigkeit) bei geringer Materialdichte aus. Zunehmend werden gerade für die vorderen Verdichterstufen auch Verbundwerkstoffe aus Kohlenstoff bzw. Polymeren verstärkt durch Fasern aus Kohlenstoff, Glas oder Metall eingesetzt, Chawla [24]. Diese Werkstoffe können entsprechend den Anforderungen ausgewählt werden und weisen dementsprechend in Belastungsrichtung sehr gute Werkstoffeigenschaften auf. Zudem bringen Verbundwerkstoffe eine beträchtliche Gewichtsersparnis mit sich. Weiterhin werden die hinteren Verdichterstufen neuerer Triebwerke auch aus Nickelbasislegierungen hergestellt, da diese eine höhere Temperaturfestigkeit aufweisen als Titanlegierungen.

Abbildung 2.11 Links: Gesenkschmieden einer Verdichterscheibe bei Leistritz Turbinentechnik GmbH [1]; Rechts: Fräsen eines Bliskrotors bei MTU Aero Engines, Klauke et al. [49]

Verdichterschaufeln aus einer Titanlegierung werden mittels Fräsen oder Schmieden bearbeitet. Gerade für komplexe Strukturen wie integrale Verdichterrotorstufen ist das Fräsen unverzichtbar. Jedoch ist die Titanlegierung aufgrund ihrer physikalisch/metallurgischen Eigenschaften schwer zu bearbeiten, was sich durch einen hohen Werkzeugverschleiß, verbunden mit hohen Kosten und einem hohen Zeitaufwand, bemerkbar macht. Abbildung 2.11 zeigt links eine Verdichterscheibe, die durch Gesenkschmieden hergestellt wird. Rechts ist das Fräsen einer Verdichterblisk abgebildet.

Die hier untersuchten Verdichterschaufeln wurden mittels Gesenkschmieden, Fräsen und Schleifen gefertigt. Bei dem Gesenkschmiedeprozess wird das Schaufelblatt und der Schaufelfuss mit einigen Millimetern Aufmaß aus einem erwärmten Rohling geschmiedet, LECHNER [59]. Zunächst wird der Rohling, der meist aus einer Rund- oder Vierkantform besteht, bei Erreichen der Bearbeitungstemperatur vorgeformt. Der Rohling ähnelt dadurch in seiner Massenverteilung dem endgültigen Schmiedeteil sehr stark. Anschließend wird der Rohling unter hohem Druck zwischen den Gesenkhälften plastisch umgeformt und erhält seine endgültige Form. Durch ein kontrolliertes Abkühlen stellen sich schließlich die Werkstoffkenngrößen ein. Ist das fertige Werkstück abgekühlt werden Rückstände aus dem Schmiedeprozess abgegratet und es folgt eine mechanische Nachbearbeitung lokaler Bereiche. In Abbildung 2.12 sind erreichbare Toleranzbereiche von präzisionsgeschmiedeten Verdichterschaufeln aufgelistet, ADAM [6]. Für die in dieser Arbeit untersuchten Verdichterschaufeln mit einer Schaufelblattlänge zwischen 63 und 100 mm muss mit einer Profildickentoleranz von 0,16-0,2 mm sowie einer Abweichung der Blattverwindung, die durch den Staffelungswinkel erfasst wird, von $\pm 0,3°$ ausgegangen werden. Die Fertigungsgenauigkeit für präzisionsgefräste Bauteile ist größer als für geschmiedete Bauteile. Für nähere Information zum Fertigungsprozess von gefrästen Verdichterschaufeln sei auf die Dissertation von KLAUKE [48] und STREHLAU [87] verwiesen.

Blattlänge	Mindest Profildicke der Austrittskante	Profilform-toleranz	Profildicken-toleranz	Durchbiegung am mittleren Profilschnitt	Gesamtabweichung der Blattverwindung	Oberflächen-rauheit

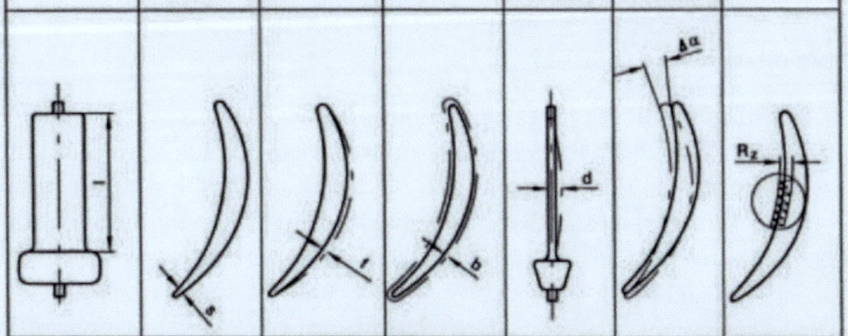

l [mm]	s [mm]	f [mm]	2b [mm]	d [mm]	Δα [±']	R_z [µm]
16 - 40	0,10	0,04 - 0,05	0,08 - 0,10	0,07	± 20	1,6 - 2,5
40 - 63	0,15	0,05 - 0,08	0,10 - 0,16	0,12	± 20	2,5
63 - 100	0,20	0,08 - 0,10	0,16 - 0,20	0,20	± 20	2,5
100 - 160	0,30	0,10 - 0,12	0,20 - 0,25	0,20	± 20	2,5
160 - 250	0,40	0,12 - 0,20	0,25 - 0,40	0,20	± 20	4,0
250 - 400	0,60	0,20 - 0,25	0,40 - 0,63	0,25	± 20	4,0 - 6,3
400 - 800	0,90	0,40	0,40 - 0,80	0,80	± 30	6,3

Abbildung 2.12 Erreichbare Toleranzbereiche von präzisionsgeschmiedeten Verdichterschaufeln, ADAM [6]

Abschließend werden die gefertigten Schaufeln einer Qualitätssicherung unterzogen. Bei einer großen Stückzahl an gefertigten Schaufeln, wie die untersuchte Verdichterschaufel, kommen meist Koordinatenmessmaschinen zum Einsatz, die die Geometrie an ausgewählten Punkten überprüfen.

2.5 Digitalisierung von Verdichterschaufeln

Die Digitalisierung von Verdichterschaufelgeometrien stellt eine besondere Herausforderung dar. Die Fertigung dieser Bauteile ist sehr eng toleriert und erfordert deshalb eine hohe Messgenauigkeit des Digitalisierungssystems. Für die Digitalisierung von Verdichterschaufeln eigenen sich sowohl optische Systeme als auch taktile Koordinatenmessmaschinen. Innerhalb dieser Arbeit kam ein optisches System zum Einsatz. In Abschnitt 2.5.1 werden beide Systeme vorgestellt und unter den besonderen Anforderungen für eine Messkampagne von 410 Verdichterschaufeln miteinander verglichen. In den Abschnitten 2.5.2-2.5.4 wird auf die Messgenauigkeit, die Reproduzierbarkeit der Ergebnisse sowie auf den Einfluss der Beschichtungsstärke zur Vermeidung von Reflexionen der Bauteiloberfläche bei dem Einsatz von optischen Systemen eingegangen. Anschließend wird in Abschnitt 2.5.5 der Ablauf der Messkampagne zur Digitalisierung von 410 Verdichterschaufeln mit einem optischen System vorgestellt. In Abschnitt 2.5.6 werden die Erkenntnisse des gesamten Abschnitts zusammengefasst.

2.5.1 Gegenüberstellung optische und taktile Messtechnik

Zwischen optischen und taktilen Messsystemen existieren wesentliche Unterschiede in der Methodik der Bauteilerfassung, der Auflösung bzw. Punktdichte der erfassten Koordinaten sowie den Anforderungen an die Umgebung. In den folgenden Abschnitten soll der Unterschied zwischen der optischen 3D-Messtechnik und der taktilen Koordinatenmessmaschine unter den aufgelisteten Punkten deutlich gemacht werden.

Optische 3D-Messtechnik

Mit der optischen Messtechnik kann die Oberfläche eines Bauteils berührungslos erfasst werden. Dazu wird das Messobjekt von zwei Standpunkten mit bekanntem Abstand zueinander angepeilt. Die Verbindungslinien zwischen den beiden Standpunkten und dem Objekt bilden ein Dreieck, in dem alle Winkel und der Abstand zwischen den beiden Standpunkten bekannt sind. Dadurch lassen sich die Koordinaten relativ zu den Standpunkten berechnen. Dieses Grundprinzip der Triangulation lässt sich in aktive und passive Verfahren unterteilen. Das aktive Verfahren nutzt eine strukturierte Beleuchtung des Messobjekts, während sich das passive Verfahren durch eine unstrukturierte Lichtquelle auszeichnet. Das passive Verfahren wird auch Photogrammetrie genannt. Das reflektierte Licht eines Objektes wird bei diesem Verfahren mit einem Sensor aus verschiedenen Positionen beobachtet. Der Objektpunkt muss in mindestens zwei Aufnahmen identifiziert werden. Das können je nach Anforderung Objekte (z.B. ein Wohngebäude in der Satellitenphotogrammetrie) oder kodierte Markierungen (Nahbereichsphotogrammetrie) auf einem Objekt sein.
Die aktive Triangulation greift auf strukturierte Beleuchtung zur Ermittelung der dreidimensionalen Koordinaten zurück. Diese optischen Systeme bestehen neben einer Lichtquelle zur Projizierung des Streifenmusters aus einem oder mehreren Sensoren bzw. Kameras. Projektor

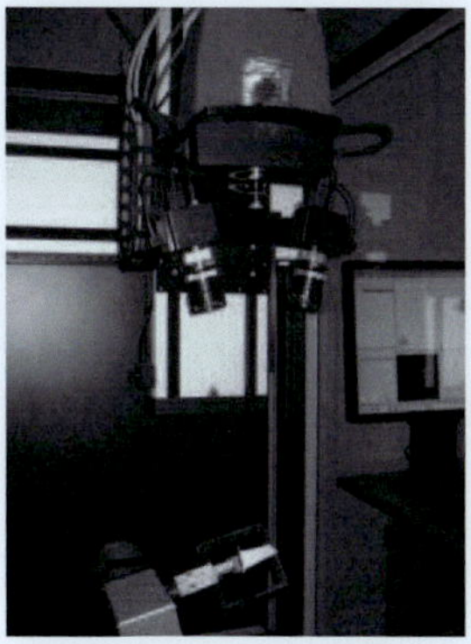

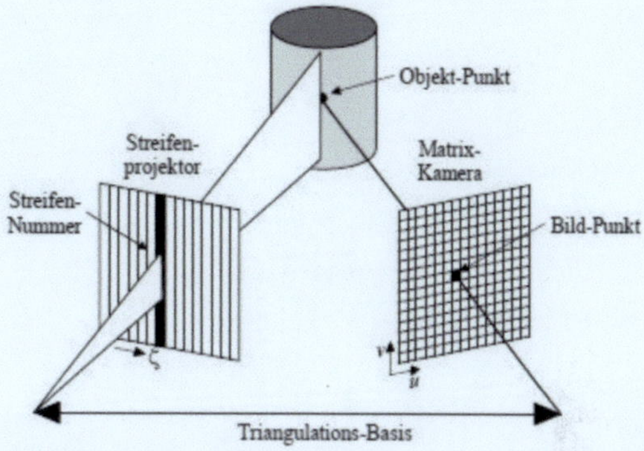

Abbildung 2.13 Links: GOM Scansystem ATOS SO, HEINZE et al. [42]; Rechts: Funktionsweise der optischen Streifenprojektion am Beispiel eines Projektors und einer Kamera, WIORA [99]

sowie Sensoren sind fest zueinander installiert. Abbildung 2.13 links zeigt das Scansystem ATOS SO der Firma GOM mit einer Lichtquelle und zwei Kameras, welches die aktive Triangulation zur Digitalisierung verwendet, HEINZE et al. [42]. Abbildung 2.13 rechts verdeutlicht die Funktionsweise der optischen Streifenprojektion mit einem Streifenprojektor und einer Kamera am Beispiel der statischen Streifenprojektion, WIORA [99]. In diesem Fall wird ein periodisches Streifenmuster auf die Oberfläche des Messobjektes projiziert. Der Linienabstand entspricht dabei der Auflösung der Kamera. Der zu untersuchende Objektpunkt wird von zwei verschiedenen Positionen, deren Abstand zueinander bekannt ist (Triangulationsbasis), angepeilt. Dabei kommt eine Kamera und ein Projektor, der als inverse Kamera fungiert, zum Einsatz. Zur Berechnung der 3D-Koordinaten des Objektpunktes müssen die Koordinaten u, v der Matrixkamera, die den Bildpunkt beschreiben, und die Ordnung des beleuchtenden Streifens ζ bekannt sein. Bei einfachen Geometrien lässt sich ζ durch Abzählen der Streifennummer im Kamerabild ermitteln. Die bekannten Parameter u, v und ζ spannen zusammen ein Dreieck aus einer Lichtebene und einem Lichtstrahl auf, mit dem sich die Koordinaten des Objektpunktes eindeutig ermitteln lassen.

Für komplexe Geometrien wird eine Modulation von Grauwerten (Gray-Kode) auf das Objekt projiziert (Abbildung 2.14). Dieses Verfahren wird auch codiertes Lichtschnittverfahren genannt. Die Streifenmuster unterscheiden sich voneinander durch die Anzahl der Streifen und damit verbunden durch die Streifenbreite. Das bedeutet, dass für jeden Bildpunkt u, v in der Matrixkamera eine Sequenz von Grauwerten empfangen wird. Dieser Codierung kann eindeutig eine Phaseninformation (Abfolge von projizierten Hell-Dunkel Streifen) des Projektors zugeordnet werden. Damit ist der Lichtstrahl (einfallender Lichtstrahl auf den Matrixpunkt u, v) sowie eine Lichtebene (projiziertes zeitliche Modulation) eindeutig bestimmt, an deren Schnittpunkt die Koordinaten des Objektpunkts berechnet werden können. Bei Zweikamerasystemen wird die strukturierte Beleuchtung zur Lösung des Korrespondenz-Problems verwendet. Die beiden Abbildungsstrahlen spannen zusammen mit der Basis eine Ebene auf. Diese Ebene schneidet die Bildebenen der beiden Kameras jeweils in einer Geraden. Anschließend wird

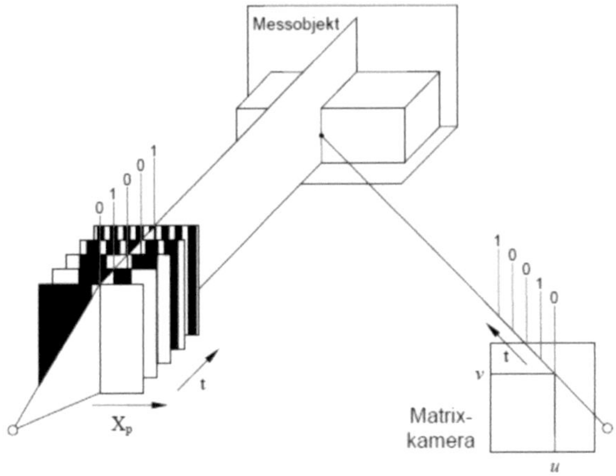

Abbildung 2.14 Funktionsweise des codierten Lichtschnittverfahrens, LUHMANN [90]

ein gemeinsamer Bildpunkt entlang der Geraden gesucht. Das Problem ist überbestimmt, arbeitet jedoch zuverlässiger und exakter als Einkamerasysteme, da anhand der Abweichung des ermittelten Objektpunktes in den beiden Kameras eine Qualitätseinschätzung möglich ist, ARMBRUSTER [10].
Zur Erfassung der gesamten Oberflächengeometrie wird das Bauteil aus mehreren Einzelansichten digitalisiert und anschließend mittels Referenzpunkten oder "Best-Fit" zu einer dreidimensionalen Punktewolke zusammengefasst. Die Messgenauigkeit von optischen Digitalisierungssystemen wird nach der VDI-Richtlinie 2634 Blatt 3 "Bildgebende Systeme mit flächenhafter Antastung in mehreren Einzelansichten" ermittelt. Für derzeitige Messsysteme beträgt die Messgenauigkeit nach dieser Richtlinie bis 5 μm, GOM [96]. Um Reflexionen von glänzenden Bauteiloberflächen in die Kameras zu vermeiden, wird in der Regel eine Titaniumdioxidschicht auf das Bauteil aufgetragen. Dadurch verringert sich weiterhin die Belichtungszeit, wodurch der Digitalisierungsprozess zuverlässig und schnell arbeitet.

Taktile Koordinatenmessmaschine

Taktile Koordinatenmessmaschinen ermitteln die 3D Koordinaten eines Bauteils mittels eines Tasters. Der Taster ist an einer Pinole installiert, die durch drei senkrecht zueinander installierte Führungsachsen in allen drei Raumrichtungen verfahren kann. Abbildung 2.15 zeigt eine Koordinatenmesskopf inkl. Taster der Firma ZEISS [3]. Der Taster hat in den meisten Anwendungen die Form einer Kugel. Bei der Messpunktaufnahme berührt der Taster das Messobjekt. Dafür werden vor dem Messgang Antastrandbedingungen wie Antastkraft und Antastgeschwindigkeit definiert. Sind die Antastrandbedingungen erreicht, werden die Koordinaten anhand der Achspositionen der hochpräzisen Führungsachsen abgegriffen. Nebeneffekte wie Tasterdurchbiegung oder Tastergeometrie werden aus dem Ergebnis gefiltert.
Zur Qualitätssicherung von Verdichterschaufeln werden definierte Punkte auf dem gefertigten

Abbildung 2.15 Koordinatenmesskopf VAST gold von Zeiss [3]

Bauteil geprüft. Weiterhin besteht die Möglichkeit mittels definierter Kurven auf der Geometrieoberfläche Messpunkte zu erzeugen und für weitere Auswertungen zu verwenden. Mit dieser Methode kann eine Messgenauigkeit von bis zu 1 μm erreicht werden, LEITZ INFINITY [4]. Für den optimalen Betrieb sind üblicherweise klimatisierte Räume mit einem soliden und erschütterungsfreien Fundament notwendig.

2.5.2 Messgenauigkeit des optischen Scansystems

Die Messabweichung eines optischen Scansystems wird nach der VDI-Richtlinie 2634 Blatt 3 "Bildgebende Systeme mit flächenhafter Antastung in mehreren Einzelansichten" ermittelt. Diese enthält praxisnahe Annahme- und Überwachungsverfahren und ermöglicht Anwendern und Kunden eine Beurteilung der Messqualität hinsichtlich ihrer Genauigkeit von Systemen unterschiedlicher Bauweise, Größe und Automatisierungsstufe. Voraussetzung und Ablauf zur Anwendung dieser VDI Richtlinie ist nach Finke [28]:

- Es handelt sich um ein optisches 3D Scansystem mit flächenhafter Antastung.
- Das System arbeitet nach dem Triangulationsprinzip.
- Das System besteht aus mindestens einer Kamera und einer Lichtquelle.
- Das Messobjekt wird aus mehreren unterschiedlichen Ansichten erfasst. Dabei können Sensor und Messobjekt zwischen den Scans zueinander bewegt werden.
- Die Transformation der Einzelansichten erfolgt entweder über ein "Best-Fit" oder über Referenzmarken.

Abbildung 2.16 zeigt ein Hantel-Kalibrierobjekt bestehend aus mehreren hochgenau gefertigten und eingemessenen Kugeln. Zur Einschätzung der Messqualität wird der Abstand von zwei Kugelmittelpunkten zueinander ermittelt. Dazu werden die Kugeln mit einem definierten Messfeld aus mehreren Einzelansichten gescannt. Anschließend werden die Einzelansichten zueinander transformiert und polygonisiert. Der Kugelmittelpunkt wird durch ein "Best-Fit"

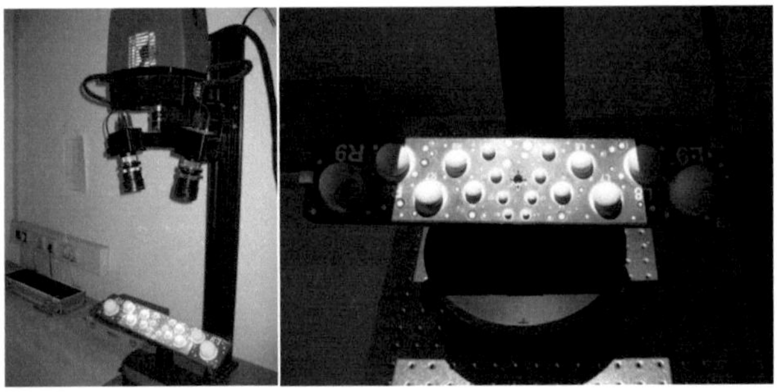

Abbildung 2.16 Kalibrierhantel zur Ermittelung der Kugelabstandsabweichung

einer Kugelgeometrie auf die digitalisierte Kugeloberfläche bestimmt. Für das für die Arbeit verwendete Scansystem mit einem Messfeld von 150 mm x 150 mm beträgt diese Kugelabstandsabweichung nach VDI 2634 Blatt 3 5 μm [96].

2.5.3 Reproduzierbarkeit der Ergebnisse

Bei dem in Abschnitt 2.5.2 gezeigten Verfahren zur Ermittelung der Messgenauigkeit handelt es sich um Kugeln mit einer konstanten Krümmung um den gesamten Prüfkörper. Die Geometrie des Prüfkörpers ist aus jeder Ansicht identisch. Demgegenüber ist die Geometrie einer Verdichterschaufel weit komplexer. Einerseits weist die Geometrie scharfe Kanten an den Übergängen zwischen den Flächen auf (z.B. an der Plattform). Weiterhin sind die Flächen unterschiedlich stark gekrümmt und teilweise stark verdreht. Aus diesem Grund wurden weitere Untersuchungen zur Messgenauigkeit mit einem Referenzobjekt durchgeführt. Das Referenzobjekt wurde in einen Referenzrahmen eingespannt, aus mehreren Einzelansichten digitalisiert und die Einzelansichten mittels Referenzmarken zueinander ausgerichtet. Dieser manuelle Prozess wurde 10 mal wiederholt. Damit standen zur Untersuchung der Reproduzierbarkeit 10 Datensätze aus unterschiedlichen Einzelansichten des untersuchten Objektes zur Verfügung.
Die Untersuchung wurde sowohl an den Rohdaten als auch an den polygonisierten Daten durchgeführt. Als Rohdaten werden die zueinander transformierten Einzelansichten bezeichnet. Auf Basis dieser transformierten Einzelansichten wurde anschließend ein polygonisiertes Oberflächennetz (STL) berechnet.
Abbildung 2.17 zeigt die Ergebnisse der Untersuchung. Das linke Bild zeigt den maximalen Abstand zwischen den 10 Messungen sowohl für die Rohdaten als auch für die polygonisierten Daten an einer ebenen Fläche. Der maximale Abstand beträgt für die Rohdaten 28 μm. Für die polygonisierten Daten beträgt dieser Abstand 8 μm. Auf der rechten Abbildung sind die Untersuchungsergebnisse für eine stark gekrümmte Fläche, z.B. Einschlag an der Vorderkante, dargestellt. Hier beträgt der maximale Abstand zwischen den 10 Messungen sowohl für die Rohdaten als auch für die polygonisierten Daten 27 μm.
Die Untersuchung zeigt, dass die Digitalisierung eines Messobjektes mit einer Genauigkeit von $\approx$ 27 μm an ebenen sowie stark gekrümmten Flächen reproduzierbar ist. Durch den Einsatz von krümmungsbasierten Polygonisierungsalgorithmen können die Ergebnisse mit

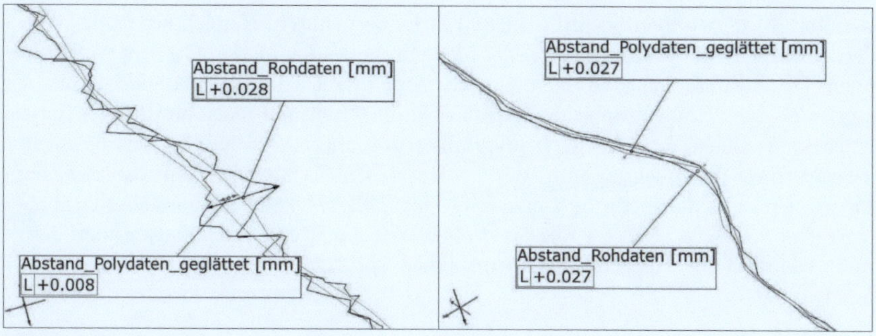

Abbildung 2.17 Ergebnisse der Untersuchung zur Reproduzierbarkeit anhand von 10 Datensätzen mit unterschiedlichen Einzelansichten für eine ebene Fläche (links) und einen Einschlag (rechts)

einer Genauigkeit von 8 μm an ebenen Flächen wiederholt werden. An stark gekrümmten Flächen ändert sich die Messgenauigkeit nicht.

2.5.4 Einfluss der Beschichtungsstärke

Die Oberflächenbeschaffenheit eines Messobjektes hat einen großen Einfluss auf die Qualität der Digitalisierung. Ausschlaggebend ist die Qualität des vom Projektor ausgehenden Streifenmusters auf der Bauteiloberfläche. Eine besondere Herausforderung stellen dabei glatte, metallisch glänzende Oberflächen dar. Diese reflektieren das projizierte Licht sowie das Licht der Umgebung. Aufgrund der Überbelichtung an diesen Flächen können keine Geometriedaten berechnet werden. Um diese Effekte zu reduzieren oder gänzlich zu vermeiden, wird die Bauteiloberfläche mit einer reflexionshemmenden Schicht besprüht. Dafür wird Titaniumdioxid in Ethanol gelöst und auf das Messobjekt mittels Airbrushsystem aufgetragen. Nach der Verdunstung des Ethanols verbleibt eine weiße und matte Schicht auf der Bauteiloberfläche. Der Auftrag dieses Materials sollte möglichst gleichmäßig und in einer dünnen Schicht erfolgen. Kramer [51] führte Untersuchungen mit einem 3D-Laser-Profilometer des Herstellers Nano Focus [5] zur Sprühschichtdicke durch. Das berührungslos messende System hat eine maximale Auflösung von 0.025 μm in orthogonaler Richtung zur Bauteiloberfläche. Diese Richtung beschreibt die Höhenunterschiede einer Oberflächenstruktur und ist demnach für die Schichtdickenmessung relevant. Der Versuch wurde an metallischen Probekörpern durchgeführt. Um verschiedene Dicken der aufgetragenen Schicht quantifizieren zu können, wurden insgesamt sechs Probekörper einseitig besprüht, wobei die Schicht unterschiedlich deckend aufgetragen wurde. Auf die Probe 1 wird die geringste Schichtdicke im Vergleich zu den anderen Proben aufgetragen. Diese Schicht ist nicht in der Lage den Untergrund vollständig abzudecken, da dieser geringfügig durch die aufgesprühte Schicht hindurch scheint. Mit jeder Probe nimmt die Intensität der Schicht zu, wobei die Nummerierung der Probe der Anzahl der aufgetragenen Schichten entspricht. Anhand der Probe 6 wird demnach der stärkste Schichtauftrag erreicht. Der Untergrund wird vollständig abgedeckt. Eine klare Trennung zwischen besprühten und nicht besprühten Bereich, wurde durch die halbseitige Abdeckung der Fläche des Probekörpers erreicht. Anschließend wurde mit dem Laser-Profilometer der

Dickenunterschied zwischen besprühtem und nicht besprühtem Bereich ermittelt.
An den Proben 1 bis 5 war kein Unterschied im Verlauf und der Güte der Oberfläche zu erkennen. Die Sprühschichtdicke ist demnach nicht quantifizierbar. Lediglich Probe 6 zeigte einen geringfügigen Höhenunterschied zwischen besprühten und nicht besprühten Bereich auf. Verschiedene Versuche der Oberflächendigitalisierung unter Verwendung dieser Schichten haben gezeigt, dass der Deckungsgrad der Proben 1-3 nicht ausreicht um die Reflexionen zu verhindern. Erst mit der in Probe 4 erzeugten Sprühschicht kann für alle Oberflächenbereiche eine weitestgehend geschlossene Kontur erreicht werden. Zur Digitalisierung der Verdichterschaufeln während der Messkampagne wurde eine Sprühschichtdicke entsprechend der Probe 4 genutzt.

2.5.5 Ablauf einer Messkampagne

Die in dieser Arbeit durchgeführte Digitalisierung der Verdichterschaufeln erfolgte mit dem Gerät Kolibri Flex 100 der Firma IVB, Abbildung 2.18. Das Gerät zeichnet sich durch eine zum Drehteller fest installierte Top-Kamera aus, wodurch auf einen Referenzrahmen verzichtet werden kann. In der Messzelle befindet sich im oberen Bereich der Sensor mit zwei weiteren Kameras und dem Projektor. Das Messobjekt wird im Messfeld oberhalb des Drehtellers in einer Vorrichtung fixiert. Sensor und Messobjektaufnahme können frei zueinander bewegt werden, wodurch die Geometrie des Messobjektes vollständig erfasst werden kann. Die Motorisierungsseinheit kann automatisiert angesteuert werden. Dadurch besteht die Möglichkeit den kompletten Digitalisierungsvorgang mittels eines Scripts zu automatisieren. Mit dem erstellten

Abbildung 2.18 Aufbau und Funktionsweise Kolibri Flex 100, Holtzhausen et al. [44]

Messscript kann die Reproduzierbarkeit der Ergebnisse, eine hohe Durchsatzrate sowie eine hohes Maß an Qualitätssicherung gewährleistet werden.
Nach der Digitalisierung des Messobjekts werden die Einzelansichten zueinander transformiert und zu einem STL-Netz polygonisiert. Zur Auswertung der Daten werden das polygonisierte Netz aus dem Digitalisierungskoordinatensystem in das Koordinatensystem des nominalen Designs transformiert und an diesem ausgerichtet. Da in dieser Arbeit das Betriebsverhalten der Schaufel untersucht werden soll, wird die digitalisierte Geometrie an den zwei Flanken

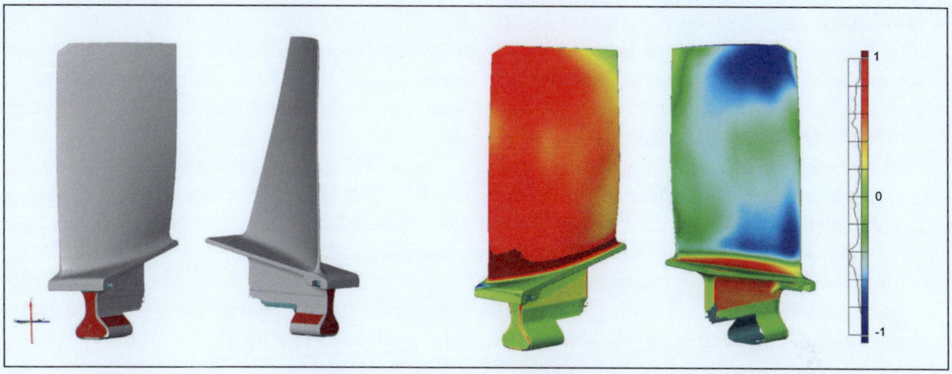

Abbildung 2.19 Ausrichtung der digitalisierten Schaufel zum nominalen Design an den rot markierten Flächen (links) und Abweichungen der digitalisierten Schaufel zum nominalen Design (rechts)

des Schwalbenschwanzfusses sowie an der Stirnseite des Schaufelfußschaftes am nominalen Design ausgerichtet. An diesen Flächen wird eine Verschiebung der Schaufel in Radial- und Umfangsrichtung sowie in axialer Richtung während des Betriebs verhindert. Alle drei Flächen sind auf den Abbildungen 2.19 links rot eingefärbt.
Das ausgerichtete Netz kann nun zu einer ersten visuellen Überprüfung der gefertigten Schaufel herangezogen werden. In Abbildung 2.19 rechts sind die Abweichungen der gefertigten Schaufel zum nominalen Design dargestellt. Die Abstände wurden normal von dem polygonisierten Netz zum nominalen Design berechnet. Aus diesen Abweichungsbildern kann jedoch keine Aussage getroffen werden, was genau der Grund für die Abweichungen ist (z.B. Verschiebung des Schaufelblatts in axialer Richtung, Verdrehung des Schaufelblatts oder Schaufeldicke). Die Bilder zeigen lediglich, in welchem Bereich Abweichungen existieren und wie groß diese Abweichungen sind. Für weitere Informationen ist eine Parametrisierung der Geometrie erforderlich, wodurch die Abweichungen turbomaschinenspezifischen Parametern zugeordnet werden können, siehe Abschnitt 2.2.

2.5.6 Zusammenfassung

Ein entscheidender Vorteil optischer Messsysteme gegenüber taktilen Koordinatenmessmaschinen ist, dass die gesamte Bauteilgeometrie innerhalb eines angemessenen Zeitrahmens erfasst werden kann. Die Bauteilgeometrie wird berührungslos mit Kameras digitalisiert, wodurch eine hohe Punktdichte erreicht wird. Dagegen tasten taktile Koordinatenmessmaschinen die Bauteilgeometrie ausschließlich an vorher definierten Punkten oder Kurven ab. Die Unterschiede in der Messgenauigkeit von 5 μm für optische Messsysteme gegenüber 1 μm für taktile Systeme sind bei den erreichbaren Toleranzbereichen für geschmiedete Bauteile (siehe Abschnitt 2.4) von untergeordneter Bedeutung. Sowohl mit optischen System als auch mit taktilen Koordinatenmessmaschinen kann automatisiert die Bauteilgeometrie erfasst werden. Für den Einsatz von optischen Messsysteme sind Erschütterungen während der Digitalisierung zu vermeiden. Taktile Koordinatenmessmaschinen sollten auf einem erschütterungsfreien

Fundament installiert sein.
Innerhalb der Arbeit war es beabsichtigt, die gesamte Bauteilgeometrie von 410 Verdichterschaufeln zu erfassen und zu parametrisieren. Dieses Ziel kann in einem angemessenen Kosten- und Zeitaufwand nur mit optischen Systemen erreicht werden, weshalb ein optisches System innerhalb der Arbeit genutzt wurde.
Voruntersuchungen zur Reproduzierbarkeit der Ergebnisse an optischen Systemen haben gezeigt, dass an ebenen Flächen mit Abweichungen von 8 μm und an stark gekrümmten Flächen mit Abweichungen von 27 μm bei 10 Wiederholungen gerechnet werden muss, Abschnitt 2.5.3. Weiterhin wurde festgestellt, dass durch ein gleichmäßiges Auftragen von 4 Schichten Titaniumdioxid Reflexionen des Projektor- bzw. Umgebungslichtes an der glänzenden Bauteiloberfläche ausgeschlossen werden können. Eine Erhöhung der Dicke des Bauteils durch das Auftragen der Titaniumdioxidbeschichtung konnte nicht nachgewiesen werden, Abschnitt 2.5.4.

2.6 Hochzyklische Ermüdung

In diesem Abschnitt sollen Grundlagen und Begriffe der hochzyklischen Ermüdung sowie der Dauerfestigkeitsabschätzung nach GOODMAN zur Beurteilung der Schwingfestigkeit von Verdichterschaufeln vorgestellt werden. Dazu wird in Abschnitt 2.6.1 auf Begriffe und Parameter der schwingenden Beanspruchung eingegangen. In Abschnitt 2.6.2 werden die WÖHLER-Versuche erklärt, mit denen die Dauerschwingfestigkeit eines Bauteils experimentell ermittelt werden kann. Anschließend wird in Abschnitt 2.6.3 das Dauerfestigkeitsschaubild nach GOODMAN vorgestellt. Auf diesem Diagramm basiert der af-Wert, der innerhalb der Arbeit als Maß für die Schwingfestigkeit herangezogen wird.

2.6.1 Begriffe der schwingenden Beanspruchung

Eine Verdichterschaufel wird während des Betriebs zyklisch beansprucht. Diese Beanspruchungen, die durch die zeitliche Änderung einer Kraft bzw. einer Temperatur definiert sind, können sowohl periodisch bzw. aperiodisch also auch stochastischer Natur sein. Dabei kann eine statisch unkritische Beanspruchung zu einem Anriss bzw. Bruch eines Bauteils führen, wenn die Beanspruchung häufig genug wiederholt wird. Erfolgt die Beanspruchung zeitlich periodisch mit konstanter Beanspruchungsamplitude, so spricht man von schwingender Beanspruchung.
Abbildung 2.20 zeigt ein einzelnes Schwingspiel. Die Spannung σ ändert sich periodisch zwischen der Untergrenze σ_u und der Obergrenze σ_o um die Mittelspannung σ_m. Weitere Parameter zur Definition des Schwingspiels sind die Spannungsamplitude σ_a und das Spannungsverhältnis R. Es gelten die Beziehungen:

$$\begin{aligned} \sigma_u &= \sigma_m - \sigma_a \\ \sigma_o &= \sigma_m + \sigma_a \\ \sigma_a &= \frac{1}{2}(\sigma_o - \sigma_u) \\ \sigma_m &= \frac{1}{2}(\sigma_u + \sigma_o) \\ R &= \frac{\sigma_u}{\sigma_o} \end{aligned} \tag{2.11}$$

Ausgehend von der Mittelspannung wird bei schwingender Belastung zwischen den Bereichen der Druckschwell- ($\sigma_m \leq -\sigma_a$), Wechsel- ($\sigma_a > \sigma_m > -\sigma_a$) und Zugschwellbeanspruchung

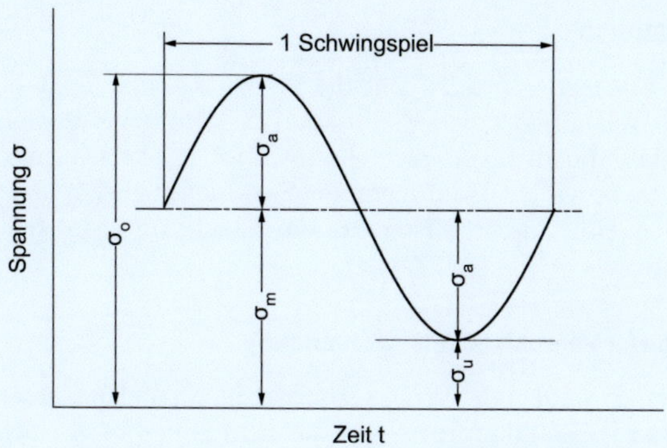

Abbildung 2.20 Kennwerte eines Schwingspiels

($\sigma_m \geq \sigma_a$) unterschieden, HAIBACH [39]. Die Beanspruchungsfälle sind in Abbildung 2.21 dargestellt. Diese schwingende Beanspruchung kann relativ zu einer ruhenden oder veränderlichen Mittelbeanspruchung auftreten.

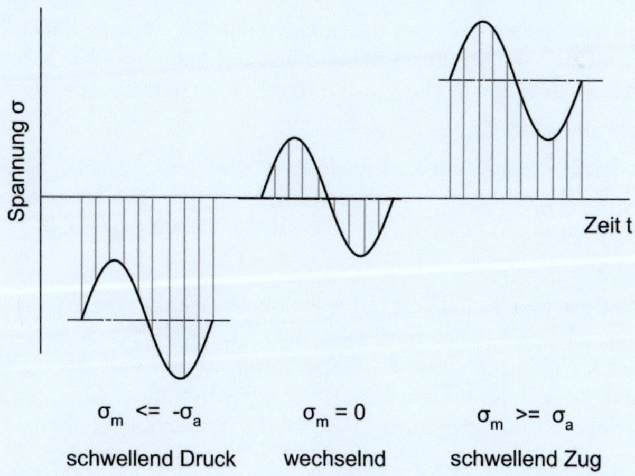

Abbildung 2.21 Beanspruchungsfälle bei schwingender Belastung

Der Begriff Ermüdung (engl. fatigue) bezeichnet das zeitliche Versagen eines Bauteils durch sich wiederholende bzw. zyklische Beanspruchung in Form einer Kraft oder einer Temperatur. Als Ermüdungsfestigkeit wird die ertragbare Beanspruchungsamplitude σ_a bei begrenzter oder unbegrenzter Schwingspielzahl N bezeichnet. Als Versagenskriterium kann je nach Anwendung ein Anriss bestimmter Größe, der vollständige Bruch einer Probe oder ein bestimmter Steifigkeitsabfall des Bauteils durch einen fortschreitenden Riss definiert werden.

2.6.2 Wöhlerversuche

1870 veröffentlichte AUGUST WÖHLER [100] die Ergebnisse einer Testreihe zu wiederholender Beanspruchung von Wellen und deren Einfluss auf die Materialermüdung. Seitdem wird der Wöhlerversuch als Basis für die experimentelle Ermittelung der Dauerschwingfestigkeit einer Probe angewendet. Dazu wird anhand mehrerer Schwingfestigkeitsversuche mit unterschiedlicher Amplitude und konstantem Mittelwert die Wöhlerkurve im doppeltlogarithmischen Diagramm aufgetragen.

Spannungskontrollierter Versuch (Bauteilwöhlerlinie)

Im Dauerschwingversuch werden die Versuchsproben innerhalb konstanter Lastgrenzen (spannungskontrolliert) und konstantem Mittelwert bis zum Bruch bzw. einem definierten Anriss beansprucht. Die Ergebnisse der experimentellen Versuche zeigen, dass eine wiederholte Beanspruchung eines Materials mit Lasten nahe der Fließgrenze des Materials nur sehr wenige Wiederholungen zulässt, bevor es zum Bruch kommt. Wird diese Belastung verringert, so erhöht sich die Anzahl der Wiederholungen, bis schließlich ab einer bestimmten Belastung unendlich viele Wiederholungen möglich sind.
Es gilt folgende Unterscheidung der einzelnen Festigkeitsbereiche, VORMWALD et al. [95]:

- Kurzzeitfestigkeit $N < 10^2 - 10^4$

  Dieser Bereich ist gekennzeichnet durch eine zunächst flach verlaufende Festigkeitslinie ausgehend von der statischen Kurzzeitfestigkeit (einmalige Wiederholung). In diesem Bereich werden plastische Verformungen durch hohe Belastungen hervorgerufen.
- Zeitfestigkeit $10^2 - 10^4 < N < 2 \cdot 10^6$

  Der Zeitfestigkeitsbereich zeichnet sich durch die Zeitfestigkeitsgerade aus, deren Anstieg durch den Exponenten k definiert ist, BASQUIN [12]. In diesem Bereich ist das Materialverhalten durch plastische und elastische Dehnung geprägt.
- Dauerfestigkeit $2 \cdot 10^6 < N$

  Der Dauerfestigkeitsbereich ist durch eine horizontale Linie geprägt. Ab einer bestimmten Schwingamplitude σ_D erträgt die Probe unendlich viele Wiederholungen $N > N_D$. In diesem Bereich treten nur noch elastische Verformungen auf. Diese Darstellung gilt für unlegierte Stähle und Titanlegierungen. Für legierte Stähle, Aluminium- und Kupferlegierungen erfolgt ein weiterer stetiger Abfall der Wöhlerkurve, HAIBACH [39].

In Abbildung 2.22 sind die einzelnen Festigkeitsbereiche in Abhängigkeit der Spannungsamplitude und der Schwingspielzahl dargestellt.
Die genauen Grenzen der einzelnen Festigkeitsbereiche hängen u.a. stark von der Materialzusammensetzung, der Geometrie und der Oberflächenbearbeitung der Probe ab. HAIBACH [39] gibt in seinem Buch einen ausführlichen Überblick zu bereits getätigten und aktuellen Untersuchungen und deren Einflüsse auf die Wöhlerlinie.

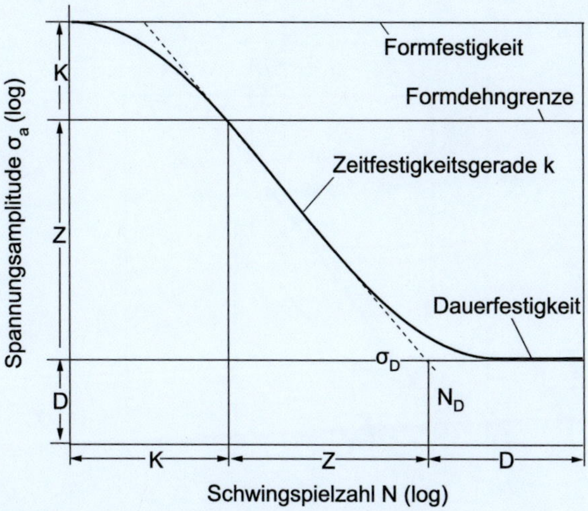

Abbildung 2.22 Parameter der Wöhlerkurve (doppeltlogarithmisch aufgetragen) und Abgrenzung der Bereiche Kurzzeitfestigkeit (K), Zeitfestigkeit (Z) und Dauerfestigkeit (D)

Dehnungsgeregelter Versuch (Werkstoffwöhlerlinie)

In kritischen Bauteilbereichen oder Kerben besteht nahe der Dauerfestigkeit ein weitgehend linearer Zusammenhang zwischen örtlicher Spannung und örtlicher Dehnung. In diesen Bereichen kann mit spannungsgeregelten sowie mit dehnungsgeregelten Wöhlerversuchen der Beanspruchungsverlauf bis hin zum Anriss oder Bruch simuliert werden. Bei Beanspruchung im Zeitfestigkeitsbereich treten bei duktilen Metalllegierungen im kritischen Bauteilbereich oder an Kerben elastisch-plastische Verformungen auf. Die Größe der elastisch-plastischen Verformung entspricht gerade der elastischen Verformung des umgebenden Materials. Der örtliche Spannungsverlauf im kritischen Bauteilbereich bzw. in der Kerbe ist somit durch eine gleichbleibende Amplitude charakterisiert. Dehnungsgeregelte Wöhlerversuche an ungekerbten Bauteilproben spiegeln somit den Spannungsverlauf innerhalb eines kritischen Bauteilbereichs oder einer Kerbe deutlich besser wider, weil durch diesen Versuch der gleichbleibenden elastisch-plastischen Dehnung im Kerbgrund besser entsprochen wird. Dehnungsgeregelte Versuche werden auch bei Temperaturwechselbeanspruchung eingesetzt, da die Beanspruchung durch Dehnung hervorgerufen wird.

Der elastisch-plastische Zusammenhang zwischen Spannung und Dehnung bei zyklischer Beanspruchung äußert sich in einer Hystereseschleife. Abbildung 2.23 zeigt den allgemeinen Fall einer von Null verschiedenen Mittelspannung σ_m und Mitteldehnung ϵ_m nachdem sich die Kurve stabilisiert hat. Je nach Werkstoff erfolgt vor der Stabilisierung eine Ver- bzw. Entfestigung. Die Dehnungsamplitude ϵ_a setzt sich aus dem elastischen und dem plastischen Anteil zusammen, Gleichung 2.12.

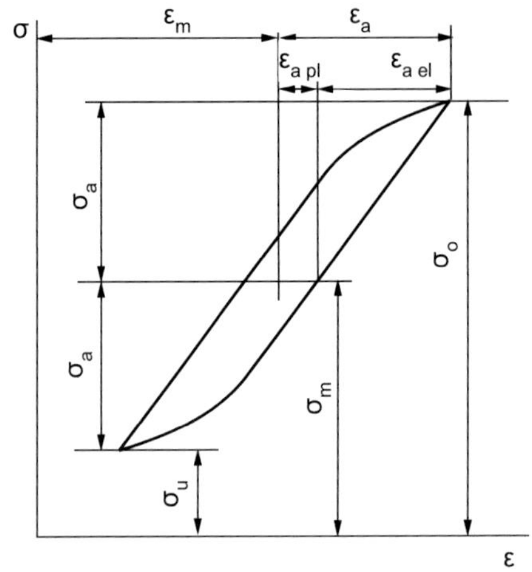

Abbildung 2.23 Geschlossene Hystereseschleife bei zyklischer Beanspruchung mit Bezeichnungen

Dabei folgt der elastische Anteil nach dem HOOKE'schen Gesetz linear der Spannung. Der plastische Anteil ist nach dem Ansatz von RAMBERG und OSGOOD nichtlinear von der Spannung abhängig.

$$\epsilon_a = \epsilon_{a\ el} + \epsilon_{a\ pl} \tag{2.12}$$

Die unterschiedlichen Amplituden der Gesamtdehnung sowie der elastischen und plastischen Dehnung bei konstanter Mittelspannung aus den dehnungsgeregelten Wöhlerversuchen werden meist in Abhängigkeit der Anrisszyklenzahl im Dehnungs-Wöhler-Diagramm aufgetragen, Abbildung 2.24.

COFFIN, MANSON und MORROW [39] zeigten, dass die Dehnungsamplituden im doppeltlogarithmischem Maßstab ebenfalls in guter Näherung einer Geraden entsprechen. Der Schnittpunkt der beiden Geraden wird in der Literatur mit $N_{\ddot{U}}$=$10^4 - 10^5$ Zyklen angegeben, BÜRGEL [22]. Dieser Schnittpunkt wird zudem als Grenze zwischen niedrigzyklischer Ermüdung (engl. Low-Cycle-Fatigue (LCF)) und hochzyklischer Ermüdung (engl. High-Cycle-Fatigue (HCF)) definiert. Im LCF-Bereich tritt überwiegend plastische Verformung auf, im HCF-Bereich überwiegend elastische Verformung. Dieser Grenze kann technisch gesehen keine besondere Bedeutung zukommen, da es im HCF-Bereich aufgrund plastischer Dehnungsanteile noch in einem breiten Zyklenbereich zu Werkstoffversagen kommen kann. In der englischsprachigen Literatur wird der HCF-Bereich auch als Dauerfestigkeit bezeichnet, NICHOLAS [66].

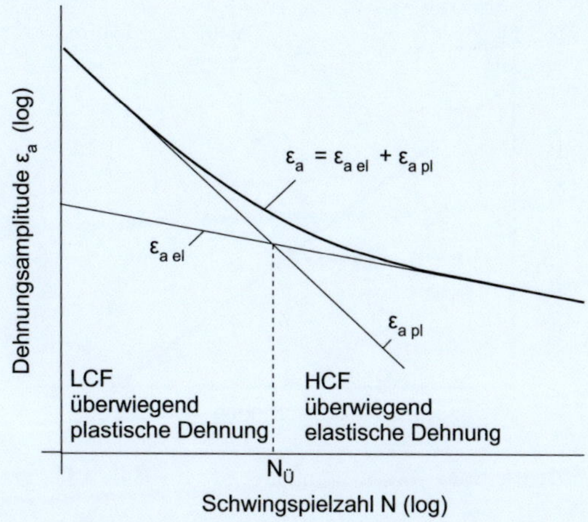

Abbildung 2.24 Dehnungs-Wöhler-Linie gebildet aus elastischen und plastischen Anteil und Übergangschwingspielzahl $N_{Ü}$

2.6.3 Dauerfestigkeitschaubild nach Goodman

Der Einfluss der Amplituden- bzw. der Mittelspannung sowie der Spannungsverhältnisse R lässt sich in Dauerfestigkeitsschaubildern darstellen. Erste Darstellungen beruhen auf den Ansätzen nach Goodman [35] und Gerber [34], die die Oberspannung über der Unterspannung darstellen und den zulässigen Spannungsbereich für Dauerfestigkeit mit einer Geraden bzw. einer Parabel begrenzen.

Der Mittelspannungseinfluss kann nach den Ansätzen von Smith [83] und Haigh [40] berücksichtigt werden. Smith stellt die zulässige Ober- bzw. Unterspannung über der Mittelspannung dar. Haigh stellt die zulässige Spannungsamplitude über der Mittelspannung dar. In der Literatur wird der Einfluss der Mittelspanung meist auf Basis einer Geraden nach Goodman im Haigh-Diagramm erfasst, Haibach [39]. Diese Gerade stellt eine Verbindung zwischen der statischen Zugfestigkeit σ_Z und der Wechselfestigkeit σ_W dar. Der Verlauf dieser Geraden ist definiert durch Gleichung 2.13.

$$\sigma_a = \sigma_W \cdot \left(1 - \frac{\sigma_m}{\sigma_Z}\right) \tag{2.13}$$

Heute wird diese Darstellung (Abbildung 2.25) meist als "Goodman Diagramm" bezeichnet, Sendecky [80]. Das Diagramm zeigt, dass sich die zulässige Spannungsamplitude aus der Höhe der Mittelspannung ergibt. Für Bereiche mit hoher Mittelspannung ist nur eine geringe Spannungsamplitude zulässig. Diese Beanspruchung liegt im Bereich einer hohen Zugschwellbeanspruchung und wird durch ein Beanspruchungsverhältnis $R \lessapprox 1$. definiert. Im Bereich geringer Mittelspannung ist demnach eine hohe Spannungsamplitude zulässig. Diese Beanspruchung liegt im Bereich einer Wechselbeanspruchung und wird durch ein Beanspruchungsverhältnis $R \approx -1$ definiert.

Die Gerade stellt nun gleichzeitig den Übergang von Materialauslastung zu Materialversagen dar und kann als 100% Materialauslastung interpretiert werden. Sind durch experimentelle

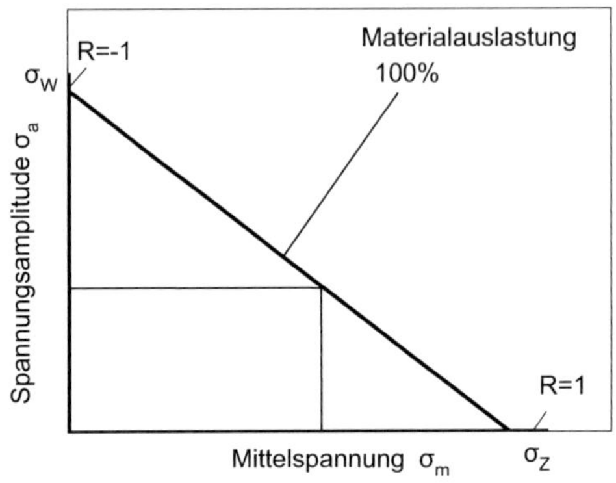

Abbildung 2.25 "Goodman"-Gerade im Haigh-Diagramm

oder numerische Untersuchungen die Mittelspannung und die Spannungsamplitude bekannt, so kann anhand des Diagramms die Materialauslastung abgelesen werden, Abbildung 2.25. Durch die Berücksichtigung von Unsicherheiten durch Sicherheitsfaktoren oder durch Anpassung der zulässigen Materialgrenzen für statische Zugfestigkeit bzw. Wechselfestigkeit ändert sich die Darstellung.
Für die Beurteilung der Schwingfestigkeit af wird in dieser Arbeit auf den GOODMAN-Ansatz zurückgegriffen. Anhand der Materialkennwerte sowie der Mittelspannung und der Spannungsamplitude kann die Schwingfestigkeit nach Gleichung 2.14 berechnet werden.

$$af = \frac{\sigma_W}{\sigma_a} \cdot \left(1 - \frac{\sigma_m}{\sigma_Z}\right) \tag{2.14}$$

Die Schwingfestigkeit af ist ein normierter Faktor um unterschiedliche Geometrien in der numerischen Simulation miteinander zu vergleichen. Erst durch die Kenntnis von experimentell ermittelten Verformungen und Eigenfrequenzen einer Referenzschaufel lassen sich mit af absolute Aussagen zur Lebensdauer treffen.

2.7 Strukturdynamisches Verhalten der rotierenden Verdichterschaufel

Eine rotierende Verdichterschaufel ist während des Betriebs statischen und dynamischen Belastungen ausgesetzt. Die statischen Belastungen werden u.a. durch Zentrifugalkräfte, Temperatureinflüsse sowie aerodynamische Gaslasten hervorgerufen. Zusätzlich erfolgt eine sich zeitlich ändernde Anregung der Verdichterschaufel durch z.B. stromauf- bzw. -abwärts positionierte Verdichterschaufeln (Statoren). Dieses strukturdynamische Verhalten der Verdichterschaufel kann mit einer Modalanalyse untersucht werden. Aus der Analyse lassen sich die Eigenfrequenzen, Eigenvektoren und Eigenformen für jeden Mode berechnen. Ausgehend von Biege- und Torsionsmoden in den niedrigen Eigenfrequenzen treten bei höheren Eigenfrequenzen zunehmend Mischformen sowie komplexere Schwingformen auf. Abbildung 2.26 zeigt elementare Eigenformen der untersuchten Verdichterschaufel. Von links beginnend ist zunächst die erste

Biegeschwingung dargestellt, in der Mitte die erste Torsionsschwingung und auf der rechten Abbildung eine Kantenschwingung.

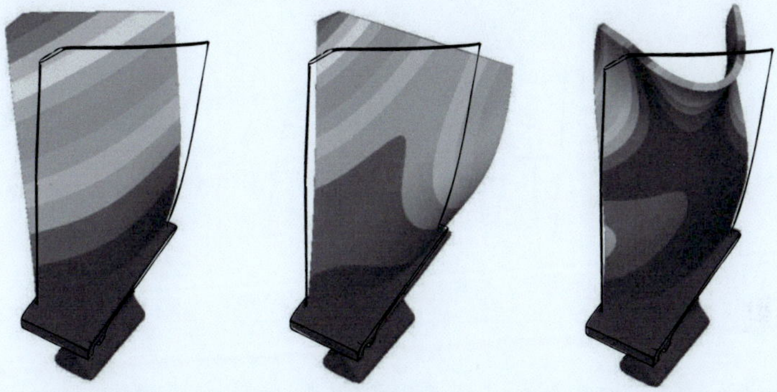

Abbildung 2.26 Eigenformen der untersuchten Verdichterschaufel - Darstellung der Verschiebungsbeträge; Links: erste Biegeschwingung; Mitte: erste Torsionsschwingung; Rechts: Kantenschwingung

Das Schwingungsverhalten der hier untersuchten Verdichterschaufel kann vereinfacht durch eine fremderregte Schwingung mit viskoser Dämpfung abgebildet werden, Kühhorn [52]. In Abschnitt 2.7.1 werden die Grundlagen der Schwingung anhand eines Feder-Dämpfer Systems erläutert. Zur Beurteilung kritischer Bereiche während des Betriebes, in denen die Verdichterschaufel durch äußere Einflüsse in ihren Eigenfrequenzen angeregt wird, wird das Campbell-Diagramm verwendet. Dieses wird ebenfalls in diesem Abschnitt erläutert. Am Beispiel eines vereinfachtes Ersatzmodells eines einseitig eingespannten diskretisierten Balkens soll in Abschnitt 2.7.2 die Ermittelung der Eigenvektoren und Eigenformen für niedrige Moden hergeleitet werden, Gasch [32]. Außerdem wird in diesem Abschnitt das Modal-Assurance-Criterion (MAC) zur Beurteilung der Orthogonalität von Eigenvektoren vorgestellt. Die Gleichungen in den beiden Abschnitten tragen wesentlich zum Verständnis des strukturdynamischen Verhaltens von Verdichterschaufeln bei und eignen sich zu händischen Nachrechnungen des Systemverhaltens. In Abschnitt 2.7.3 soll kurz der Ansatz der Finite-Elemente-Methode (FEM) zur numerischen Modalanalyse von diskretisierten Verdichterschaufelgeometrien vorgestellt werden. In Abschnitt 2.7.4 wird auf die Grundlagen und Herausforderungen der experimentellen Modalanalyse eingegangen.

2.7.1 Fremderregte Schwingung

Das Schwingungsverhalten einer rotierenden Verdichterschaufel ist geprägt durch eine harmonische Anregung (z.B. infolge stromauf- bzw. abwärts positionierter Statoren) sowie durch Dämpfungskräfte (z.B. mechanische Dämpfung durch Reibung an den Kontaktflächen zwischen Schaufel und Scheibe), die die Schwingungsamplitude begrenzen. Dieses Schwingungsverhalten kann vereinfacht durch eine erzwungene Schwingung mit geschwindigkeitsproportionaler Dämpfung abgebildet werden. Abbildung 2.27 zeigt den zeitlichen Verlauf einer fremderregten und gedämpften Schwingung eines 1 Freiheitsgrad-Systems mit einer einmaligen Auslenkung zu Beginn der Schwingung.

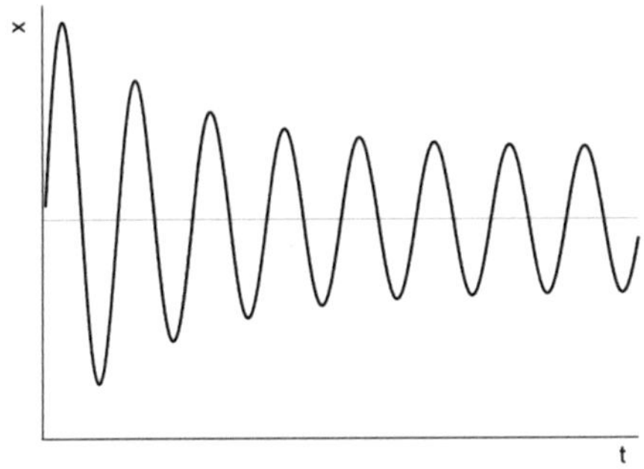

Abbildung 2.27 Schwingung eines 1 Freiheitsgrad-Systems mit harmonischer Anregung eines gedämpften Systems und einmaliger Auslenkung (Einschwingvorgang)

Das diskrete System eines Feder-Masse-Schwingers mit harmonischer Anregung und viskoser (geschwindigkeitsproportionaler) Dämpfung kann mit folgender Differentialgleichung ausgedrückt werden:

$$m\ddot{x} + d\dot{x} + cx = F_0 cos(\Omega t) \tag{2.15}$$

Mit den entsprechenden Parametern:

- $m\ddot{x}$ - Trägheitskraft der Masse
- $d\dot{x}$ - viskose (geschwindigkeitsproportionale) Dämpfungskraft
- cx - elastische Rückstellkraft
- $F_0 cos(\Omega t)$ - harmonische Anregungskraft

Die entsprechende Normalform von Gleichung 2.15 ist:

$$\ddot{x} + 2D\omega_0\dot{x} + \omega_0^2 x = x_0\omega_0^2 cos(\Omega t) \tag{2.16}$$

mit:

$$\frac{c}{m} = \omega_0^2, \quad \frac{d}{2m} = \delta = D\omega_0, \quad \frac{F_0}{m} = x_0\omega^2 \tag{2.17}$$

Wobei ω_0 die Eigenkreisfrequenz der ungedämpften Schwingung, D der Dämpfungsgrad bzw. das LEHR'sche Dämpfungsmaß, δ die Abklingkonstante der Schwingung und x_0 die statische Auslenkung zu Beginn der Schwingung darstellen. Für die viskose Dämpfung der Verdichterschaufel gilt D<1.
Die allgemeine Lösung der inhomogenen Differentialgleichung erfolgt durch Lösen des homogenen Anteils x_h und des partikulären Anteils x_p mit

$$x(t) = x_h(t) + x_p(t). \tag{2.18}$$

Zur Lösung des homogenen Anteils wird nur der linke Teil von Gleichung 2.16 berücksichtigt. Es erfolgt keine Anregung. Die Masse wird zu Beginn bei $t = 0$ auf x_0 ausgelenkt und schwingt anschließend frei. Der homogene Anteil wird mit dem Exponentialansatz

$$x(t) = Ce^{\lambda t} \tag{2.19}$$

gelöst. Gleichung 2.16 wird somit in das charakteristische Polynom

$$\lambda_0^2 + 2D\omega_0\lambda + \omega_0^2 = 0 \tag{2.20}$$

überführt. Daraus entstehen die beiden Lösungen

$$\lambda_{1,2} = -D\omega_0 \pm \omega_0\sqrt{D^2 - 1}. \tag{2.21}$$

Mit folgender Umformung

$$\sqrt{D^2 - 1} = i\sqrt{1 - D^2} \tag{2.22}$$

können die beiden konjugiert komplexen Lösungen berechnet werden.

$$\lambda_{1,2} = -D\omega_0 \pm i\omega_0\sqrt{1 - D^2} = -\delta \pm i\omega \tag{2.23}$$

Mit der Eigenkreisfrequenz ω des viskos gedämpften Systems.

$$\omega = \omega_0\sqrt{1 - D^2} \tag{2.24}$$

Neben den Eigenfrequenzen (rein imaginäre Eigenwerte) werden durch diesen Ansatz auch noch Dämpfungszahlen (konjugiert komplexe Eigenwerte) berücksichtigt. Aus Gleichung 2.24 wird ersichtlich, dass die Dämpfung eine Verringerung der Eigenkreisfrequenz gegenüber dem ungedämpften System bewirkt. Die homogene Lösung lautet nach Umformen und Anwendung der EULER'schen Formeln:

$$x_h(t) = Ce^{-\delta t}cos(\omega t - \alpha) = e^{-\delta t}(Acos(\omega t) + Bsin(\omega t)) \tag{2.25}$$

Der Nullphasenwinkel α stellt die Verschiebung der reinen Kosinusschwingung dar. Die Konstante C berücksichtigt die Anfangsauslenkung x_0. Mit den Anfangsbedingungen

$$x(t = 0) = x_0, \quad \dot{x}(t = 0) = v_0 \tag{2.26}$$

folgt

$$x_h(t = 0) = x_0 = \quad A \tag{2.27}$$

$$\dot{x_h}(t = 0) = v_0 = \quad -\delta A + \omega B. \tag{2.28}$$

Damit lassen sich die fehlenden Größen C und α unter Verwendung der Konstantenumrechnung

$$C = \sqrt{A^2 + B^2} = \sqrt{{x_0}^2 + \left(\frac{v_0 + \delta x_0}{\omega}\right)^2} \tag{2.29}$$

$$\alpha = arctan\left(\frac{B}{A}\right) = arctan\left(\frac{v_0 + \delta x_0}{\omega x_0}\right) \tag{2.30}$$

berechnen. Die spezielle homogene Lösung unter Berücksichtigung der Anfangsbedingungen lautet:

$$x_h(t) = \sqrt{{x_0}^2 + \left(\frac{v_0 + \delta x_0}{\omega}\right)^2} e^{-\delta t} cos\left(\omega t - arctan\left(\frac{v_0 + \delta x_0}{\omega x_0}\right)\right) \tag{2.31}$$

Die Lösung des partikulären Anteils erfolgt unter Berücksichtigung eines Gleichtaktansatzes, der die Phasenverschiebung ϕ zwischen Anregung und Antwort berücksichtigt. Nach Abklingen des Einschwingvorgangs folgt die erzwungene Schwingung der stationären Anregung im Gleichtakt.

$$x_p(t) = x_0 V cos(\Omega t - \phi) \tag{2.32}$$

Dabei entspricht $x_0 = F_0/c$ der statischen Auslenkung, Ω der Erregerfrequenz und V dem Vergrößerungsfaktor. Nach Verwendung von trigonometrischer Beziehungen lassen sich sowohl der Faktor V als auch der Phasenwinkel ϕ bestimmen.

$$\begin{aligned} V &= \frac{1}{\sqrt{(1-\eta^2)^2 + (2D\eta)^2}} \\ \phi &= arctan\left(\frac{2D\eta}{1-\eta^2}\right) \end{aligned} \tag{2.33}$$

Der Faktor η definiert das Frequenzverhältnis zwischen Anregung und Antwort

$$\eta = \frac{\Omega}{\omega}. \tag{2.34}$$

Damit lautet die Lösung der inhomogenen Differentialgleichung 2.16

$$\begin{aligned} x(t) = &\sqrt{{x_0}^2 + \frac{v_0 + \delta x_0}{\omega}^2} e^{-\delta t} cos\left(\omega t - arctan\left(\frac{v_0 + \delta x_0}{\omega x_0}\right)\right) + \\ &+ x_0 \frac{1}{\sqrt{\left(1-\eta^2\right)^2 + \left(2D\eta\right)^2}} cos\left(\Omega t - arctan\frac{2D\eta}{1-\eta^2}\right) \end{aligned} \tag{2.35}$$

Abbildung 2.27 zeigt den dazugehörigen Verlauf der harmonischen Schwingung des gedämpften Systems mit einmaliger Auslenkung. Der homogene Lösungsanteil dominiert den Einschwingvorgang, klingt jedoch mit der Zeit aufgrund der Dämpfung ab, wodurch die Differentialgleichung 2.16 nach dem Abklingvorgang durch den partiellen Lösungsanteil bestimmt wird.
Damit ist das schwingungsfähige System nach dem Abklingen des Einschwingvorgangs durch die Kenngrößen V und ϕ in Abhängigkeit von η definiert. Das bedeutet schließlich, dass die Antwort $x(t)$ gegenüber der Erregung um den Winkel ϕ nacheilt und durch die Vergrößerungsfunktion V verstärkt bzw. abgeschwächt wird.
In Abbildung 2.28 ist der funktionelle Zusammenhang zwischen der Vergrößerungsfunktion V und dem Frequenzverhältnis η in Abhängigkeit des LEHR'schen Dämpfungsmaßes dargestellt. Aus der Abbildung können wichtige Erkenntnisse zum Schwingungsverhalten und zur Amplitudenüberhöhung durch die Vergrößerungsfunktion gewonnen werden. Für $\eta \approx 1$ kommt es zur Resonanz. In diesem Fall wird das System mit seiner eigenen Eigenfrequenz angeregt. Für ein ungedämpftes System existiert im Resonanzfall eine Unendlichkeitsstelle. Für gedämpfte Systeme ist die Vergrößerungsfunktion endlich, wobei deutlich wird, dass bei zunehmender

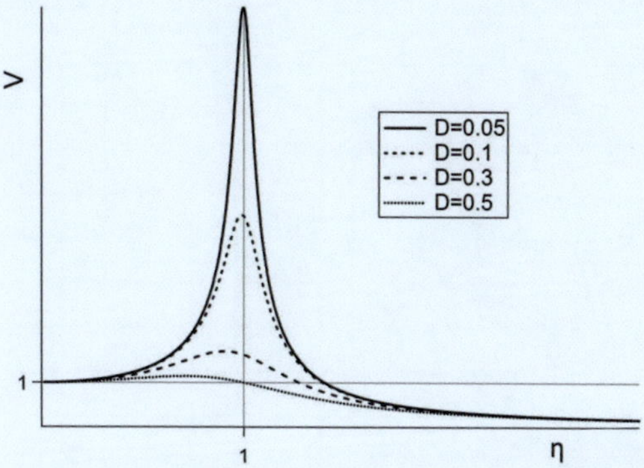

Abbildung 2.28 Vergrößerungsfunktion V in Abhängigkeit vom Frequenzverhältnis η und dem LEHR'schen Dämpfungsmaß D

Dämpfung eine Abnahme des Vergrößerungsfaktors erfolgt. Die Gipfelfrequenz η_G berechnet sich als Maximum der Vergrößerungsfunktion mit

$$\begin{aligned} \dot{V}(\eta_G) &= 0 \; zu \\ \eta_G &= \sqrt{1-2D^2}. \end{aligned} \tag{2.36}$$

Mit dem Maximum der Vergrößerungsfunktion

$$V(\eta_G) = \frac{1}{2D\sqrt{1-D^2}}. \tag{2.37}$$

Gerade für schwach gedämpfte Systeme ist die Kenntnis der Eigenfrequenz von hoher Bedeutung, da der Resonanzfall zu Schädigungen am System führen kann. Es ist jedoch möglich, den Resonanzbereich mit kurzer Verweildauer zu durchfahren, da dass System hinreichend Zeit benötigt um sich Aufzuschaukeln, KÜHHORN [52].

Zur Lokalisierung der Resonanzpunkte zwischen den Eigenfrequenzen der Verdichterschaufeln und Anregungsfrequenzen durch äußere Einflüsse (z.B. benachbarte Schaufelreihen) wird das Campbell-Diagramm herangezogen, CAMPBELL [23]. Diese Punkte sind zur Gewährleistung einer hohen Lebensdauer zu vermeiden. Abbildung 2.29 zeigt schematisch das Campbell-Diagramm einer Blisk nach KLAUKE [48]. In dem Diagramm sind die Eigenfrequenzen einer Schaufel vereinfacht durch waagerechte rote Linien dargestellt. Die Frequenzen der Anregungsordnungen sind durch linear ansteigende schwarze Linien über der Drehzahl aufgetragen. Schneiden sich die beiden Linien bei einer bestimmten Drehzahl, so tritt Resonanz auf. Der Verlauf der Eigenfrequenzen wird durch gegensätzliche Ursachen beeinflusst. Dieser ist sowohl von der Steifigkeitserhöhung infolge steigender Fliehkräfte als auch von der Änderung des E-Modul aufgrund steigender Temperatur abhängig. In der Literatur sind neben dem waagerechten Verlauf aus Abbildung 2.29 auch ansteigende bzw. abfallende Verläufe erwähnt, TRAUPEL [91] bzw. OTTO [67].

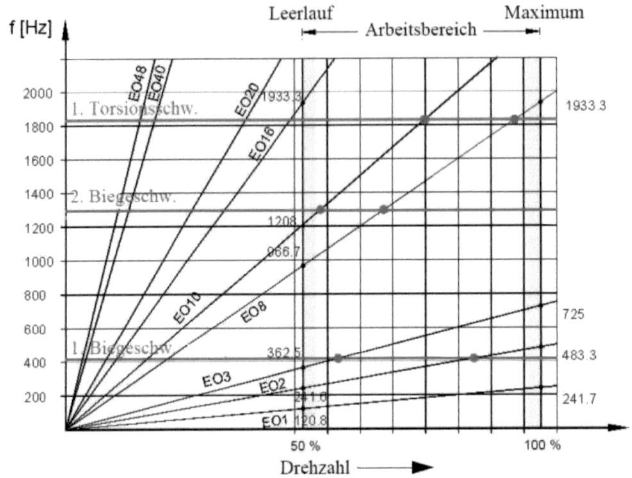

Abbildung 2.29 Campbell-Diagramm zur Beurteilung von Resonanzpunkten zwischen Eigenfrequenzen und Anregungsfrequenzen, KLAUKE [48]

2.7.2 Schwingungsdynamik des diskretisierten Kragbalkens

In diesem Abschnitt soll die Theorie der Schwingungsdynamik des einfachen Feder-Dämpfer-Systems aus dem vorherigen Abschnitt auf einen diskretisierten Kragbalken angewendet werden. Durch die Diskretisierung der Kragbalkengeometrie können zusätzlich die Eigenformen des Systems ermittelt werden. Abbildung 2.30 zeigt den diskretisierten Kragbalken mit 10 Stützstellen. Der Kragbalken besitzt über die gesamte Länge eine einheitliche Geometrie mit konstanten Dichte- und E-Modulkennwerten, die mittels diskreter Massepunkte m_i sowie der entsprechenden Steifigkeitsparameter c_i modelliert sind.

Abbildung 2.30 Diskretisierter Kragbalken mit 10 Stützstellen

Um ein Verständnis für die Eigenvektoren bzw. Eigenformen zu erhalten, wird das Eigenwertproblem mit Masse und Steifigkeit betrachtet. Anregung und Dämpfung werden vernachlässigt. Die Differentialgleichung für das System ohne Dämpfung und Anregung wird analog zu

Gleichung 2.15 mit

$$\mathbf{M}\ddot{\mathbf{x}} + \mathbf{C}\mathbf{x} = 0. \tag{2.38}$$

berechnet. Die Massenmatrix **M** sowie die Steifigkeitsmatrix **C** setzen sich bei Annahme einer homogenen Verteilung entlang z wie folgt zusammen:

$$\mathbf{M} = \begin{bmatrix} m_i & 0 & ... & 0 \\ 0 & m_{i+1} & ... & 0 \\ ... & ... & ... & 0 \\ 0 & 0 & 0 & m_n \end{bmatrix} \quad \mathbf{C} = \begin{bmatrix} c_i & -c & ... & 0 \\ -c & c_{i+1} & ... & 0 \\ ... & ... & ... & -c \\ 0 & 0 & -c & c_n \end{bmatrix} \tag{2.39}$$

Wird das System ausgelenkt und sich selbst überlassen, so führt es eine freie Schwingung durch. Diese freie Schwingung klingt während der Zeit t ab und erreicht schließlich wieder ihre Ausgangslage. Die freie Schwingung setzt sich aus verschiedenen Eigenschwingungen eines Systems zusammen, die wiederum durch Eigenfrequenzen und Eigenformen charakterisiert sind.

Mit den entsprechenden Anfangsbedingungen und dem Exponentialansatz (Gleichung 2.19) kann nach Umformen das allgemeine Eigenwertproblem

$$(-\lambda^2\mathbf{M} + \mathbf{C})\mathbf{x} = 0 \tag{2.40}$$

bzw. mit

$$(\mathbf{A} - \lambda^2\mathbf{E})\mathbf{x} = 0 \tag{2.41}$$

das spezielle Eigenwertproblem

$$Det(\mathbf{A} - \lambda^2\mathbf{E}) = 0 \tag{2.42}$$

berechnet werden. Aus dieser charakteristischen Gleichung ergeben sich n reelle Eigenwerte λ_i (da Massenmatrix und Steifigkeitsmatrix positiv definit sind). Werden die Eigenwerte nacheinander in Gleichung 2.41 eingesetzt so entstehen n verschiedene lineare Gleichungssysteme deren Lösungen die Eigenvektoren ergeben.

$$\mathbf{x_i} = (x_{1i}, x_{2i}, ..., x_{ni})^T \tag{2.43}$$

Da die rechte Seite des Gleichungssystems 2.42 Null ist, werden die Amplituden der Eigenvektoren üblicherweise auf 1 normiert. Alle Eigenvektoren spaltenweise zusammengefasst ergeben die Modalmatrix $\mathbf{\Phi}$.

$$\mathbf{\Phi} = \begin{bmatrix} x_{11} & x_{12} & \cdots & x_{1n} \\ x_{21} & x_{22} & \cdots & x_{2n} \\ \cdots & \cdots & \cdots & \cdots \\ x_{n1} & x_{n2} & \cdots & x_{nn} \end{bmatrix} \tag{2.44}$$

Abbildung 2.31 zeigt die ersten 4 Eigenschwingformen des diskretisierten Kragbalkens. Deutlich zu erkennen ist für jeden Mode die charakteristische Verschiebung der einzelnen Stützstellen entsprechend der Eigenvektoren.

Eine weitere Möglichkeit zur Bestimmung der Schwingungsantwort bietet die modale Entkopplung. Diese Methode nutzt Eigenvektoren und Eigenwerte einer Vorabrechnung bzw. aus Versuchen um einen Verschiebungszustand $\tilde{\mathbf{x}}$ zu berechnen. Die zeitliche Änderung der Schwingung wird durch Multiplikation der Eigenform mit einem Zeitgesetz $q_i(t)$ erfasst. Dieses Zeitgesetz wird durch Lösen der Bewegungsdifferentialgleichung eines fiktiven Schwingers mit

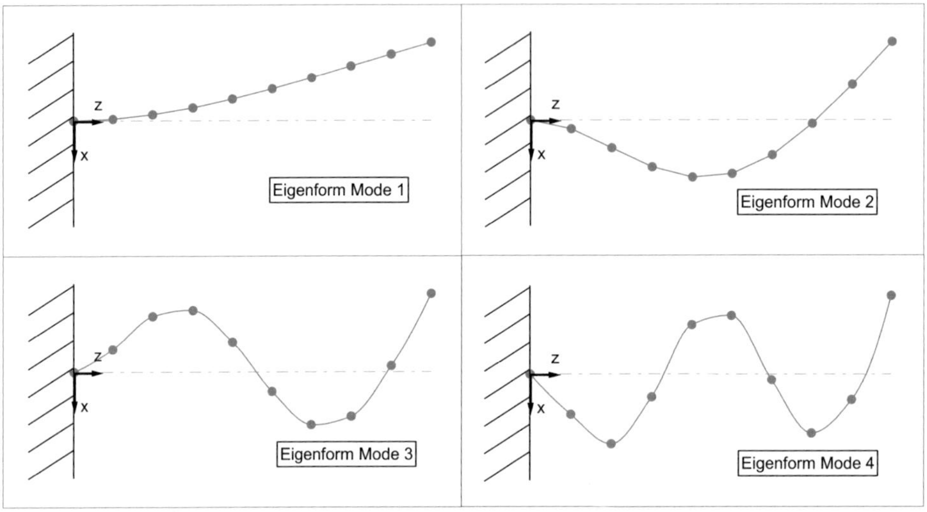

Abbildung 2.31 Eigenformen Mode 1 bis Mode 4 des diskretisierten Kragbalkens mit 10 Stützstellen

einem Freiheitsgrad ermittelt. Die Bewegung eines Systems von N Freiheitsgraden lässt sich dann aus den Bewegungen der N einzelnen Schwinger ableiten.
Die Entkopplung des Systems 2.38 erfolgt mit der Transformation

$$\tilde{\mathbf{x}} = \sum_{i=1}^{N} \mathbf{x}_i \tilde{q}_i(t) = \mathbf{\Phi}\tilde{\mathbf{q}}. \tag{2.45}$$

Die Modalmatrix $\mathbf{\Phi}$ beinhaltet die aus der Vorabrechnung bekannten Eigenvektoren. $\tilde{\mathbf{q}}$ enthält die zeitabhängigen modalen Koordinaten zur Beschreibung des Bewegungsverhaltens der Eigenformen. Mit Ansatz 2.45 ergibt sich Gleichung 2.38 zu

$$\left(\mathbf{\Phi}^T\mathbf{M}\mathbf{\Phi}\right)\ddot{\tilde{q}} + \left(\mathbf{\Phi}^T\mathbf{C}\mathbf{\Phi}\right)\tilde{q} = 0. \tag{2.46}$$

Aus den Matrizenprodukten $\mathbf{\Phi}^T\mathbf{M}\mathbf{\Phi}$ und $\mathbf{\Phi}^T\mathbf{C}\mathbf{\Phi}$ entstehen reine Diagonalmatrizen, die als Orthogonalitätsbeziehungen bezeichnet werden. Diese Orthogonalitätsbeziehungen besagen, dass die Massen- und Steifigkeitsparameter einer Eigenform keinen Einfluß auf die Verschiebungen einer anderen Eigenform des Systems haben, Gasch [32].
Für jeden Schwinger von einem Freiheitsgrad ergibt sich schließlich für das hier betrachtete System die Bewegungsgleichung

$$m_{gen,i}\,\ddot{\tilde{q}}_i + c_{gen,i}\tilde{q}_i = 0. \tag{2.47}$$

Die generalisierten Massen und Steifigkeiten lassen sich aus der Multiplikation der jeweiligen Matrizen mit den Eigenvektoren $\mathbf{x}_i^T$ und $\mathbf{x}_i$ berechnen.

$$m_{gen,i} = \mathbf{x}_i^T\mathbf{M}\mathbf{x}_i \quad ; \quad \mathbf{c}_{gen,i} = \mathbf{x}_i^T\mathbf{C}\mathbf{x}_i \tag{2.48}$$

Aus der Superposition der einzelnen Schwinger kann schließlich die Schwingform ermittelt werden.
Mit dem Modal-Assurance-Criterion (MAC) können nun die Orthogonalitätseigenschaften von zwei Eigenvektoren $\mathbf{x}_i$ und $\mathbf{x}_j$ berechnet werden, ALLEMANG [7]. Das MAC ist im Bereich $[0,1]$ definiert und nutzt das Skalarprodukt zur Beurteilung. Ein Wert von $MAC = 1$ zeigt identische Eigenvektoren an. Für $MAC = 0$ besteht keine Ähnlichkeit zwischen den untersuchten Eigenvektoren, da diese dann orthogonal sind. Das MAC wird nach folgender Gleichung berechnet.

$$MAC_{ij} = \frac{\left(\mathbf{x}_i^T\ \mathbf{x}_j\right)\left(\mathbf{x}_j^T\ \mathbf{x}_i\right)}{\left(\mathbf{x}_i^T\ \mathbf{x}_i\right)\left(\mathbf{x}_j^T\ \mathbf{x}_j\right)} \tag{2.49}$$

Anhand einer MAC-Matrix können schließlich die Ergebnisse der MAC-Berechnung von unterschiedlichen Eigenvektoren übersichtlich dargestellt werden. Für das Beispiel des diskretisierten Kragbalkens mit 10 Stützstellen (Abbildung 2.31) kann eine 4x4 MAC-Matrix für die 4 betrachteten Eigenvektoren erstellt werden.

$$\mathbf{MAC} = \begin{bmatrix} 1 & 0 & 0 & 0 \\ 0 & 1 & 0 & 0 \\ 0 & 0 & 1 & 0 \\ 0 & 0 & 0 & 1 \end{bmatrix} \tag{2.50}$$

In dieser Matrix ist die Diagonale mit 1 belegt, weil hier identische Eigenvektoren miteinander verglichen werden. Die verbleibenden Felder zeigen 0 an, da die Eigenvektoren orthogonal bzw. nicht identisch sind.

2.7.3 Numerische Modalanalyse komplexer Systeme

Die numerische Modalanalyse nutzt die Methode der finiten Elemente um eine Näherungslösung komplexer dreidimensionaler Geometrien zu berechnen. Dazu wird die Struktur durch Elemente diskretisiert, die durch Knoten miteinander verbunden sind. Weiterhin werden Materialkennwerte, Kräfte und Randbedingungen zugewiesen. Zur Berechnung der Verschiebung an den einzelnen Knoten wird der Gleichgewichtszustand einer Struktur angenommen. Auf Basis des Gleichgewichtszustandes wird das Prinzip der virtuellen Verschiebungen mit

$$\delta W_i = \delta W_a \tag{2.51}$$

angewendet. Dieses Prinzip besagt, dass für beliebige dem Körper zugeführte virtuelle Verschiebungen durch äußere Kräfte die gesamte innere virtuelle Arbeit der gesamten äußeren virtuellen Arbeit entspricht, BATHE [13]. Unter virtuellen Verschiebungen sind kleine Verschiebungen definiert, wodurch der Verzerrungszustand beschränkt ist, der Stoffzusammenhalt gewahrt bleibt und die Randbedingungen nicht verletzt werden.
Anschließend wird die Differentialgleichung der Form

$$\mathbf{M}\ddot{\mathbf{x}} + \mathbf{C}\mathbf{x} = 0 \tag{2.52}$$

nach den Verschiebungen $\mathbf{x}$ aufgelöst. Mittels eines Werkstoffgesetzes (z.B. HOOKE für linear-elastische Zusammenhänge) kann der Zusammenhang zu den Spannungen hergestellt werden, KLEIN [50].

2.7.4 Experimentelle Modalanalyse

Mit der experimentellen Modalanalyse können die modalen Parameter Eigenfrequenzen und Eigenvektoren bzw. Eigenformen am realen Bauteil ermittelt werden. Ein Vergleich zwischen experimentell und numerisch ermittelten Parametern sollte immer in Erwägung gezogen werden, um die numerisch ermittelten Parameter zu validieren. In dieser Arbeit wurden die Eigenfrequenzen von 10 ausgewählten Verdichterschaufeln experimentell ermittelt. Zusätzlich wurden die Eigenformen von zwei repräsentativen Verdichterschaufeln bestimmt.
In den nächsten Abschnitten sollen die Grundlagen zu den in dieser Arbeit verwendeten Techniken zur experimenetllen Modalanalyse vorgestellt werden. Für weitere Informationen zur experimentellen Modalanalyse sei auf das Buch von EWINS [27] verwiesen. Im ersten Abschnitt wird der Piezoeffekt vorgestellt, der zur Schwingungsanregung der Verdichterschaufel genutzt wurde. Anschließend wird das Prinzip des Laser-Doppler-Vibrometers zur Erfassung der Verschiebung der schwingenden Verdichterschaufel vorgestellt. Danach wird schließlich auf den Ansatz zur Berechnung der Eigenfrequenzen und der Eigenvektoren aus dem Anregungs- und dem Antwortsignal eingegangen.

Piezoeffekt

Der Piezoeffekt beschreibt den Vorgang der Umwandlung von Druck in elektrische Energie innerhalb von piezoelektrischen Materialien und umgekehrt. Es wird nach dem direkten und dem inversen Piezoeffekt unterschieden. Im Falle des direkten Piezoeffekts werden Verschiebungen der elektrischen Dipole eines Körpers durch mechanische Spannungen in Form einer Krafteinwirkung von außen induziert. Dadurch entsteht ein elektrisches Feld, dass wiederum eine elektrische Spannung erzeugt. Umgekehrt, für den inversen piezoelektrischen Effekt, bewirkt das Anlegen einer elektrischen Spannung an ein piezoelektrisches Bauteil dessen geometrische Verformung, QIN [70]. Abbildung 2.32 veranschaulicht den piezoelektrischen Effekt.

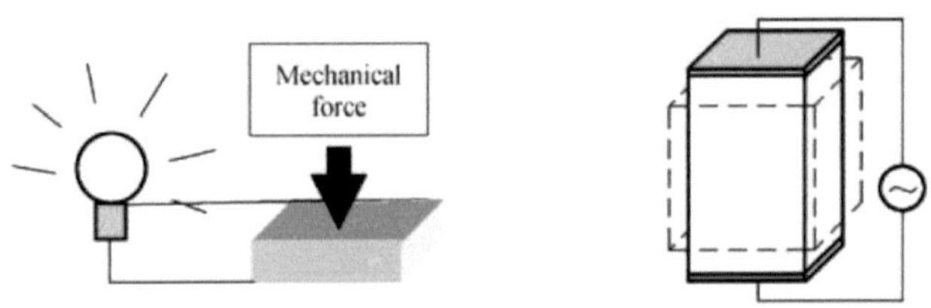

Abbildung 2.32 Grafische Erläuterung der Piezoelektrizität, QIN [70]; Links: Piezoelektrischer Effekt - Spannung induziert durch Kraft; Rechts: Inverser piezoelektrischer Effekt - Dehnung induziert durch Spannung

Ein typischer piezoelektrische Werkstoff ist die Blei-Zirkonat-Titanat Keramik die heute für Aktoren und Sensoren eingesetzt wird GAUSMANN [33]. Dieser Werkstoff zeichnet sich in Abhängigkeit der Umgebungstemperatur sowohl durch ferroelektrische als auch paraelektrische Eigenschaften aus. Der Übergang zwischen den Eigenschaften ist durch die Curie-Temperatur definiert, die für Blei-Zirkonat-Titanat zwischen 230°C und 500°C liegt. Abbildung 2.33 erklärt den Einfluss der Temperatur auf die Eigenschaften der Werkstoffgitterstruktur. Oberhalb

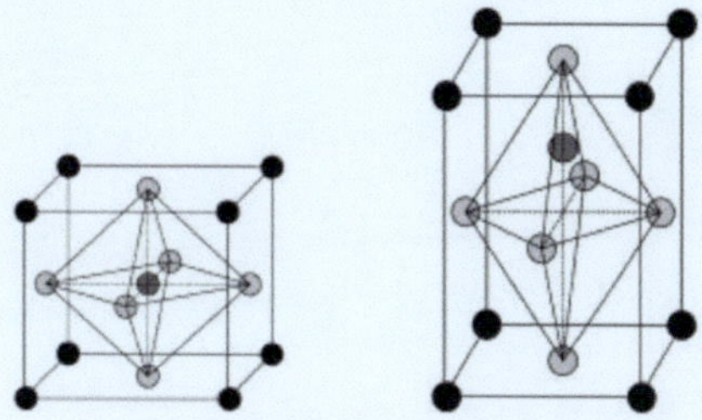

Abbildung 2.33 Kristallstruktur der Blei-Zirkonat-Titanat Keramik, GAUSMANN [33]; Links: kubisch; Rechts: tetragonal

der Curie-Temperatur ist die Kristallstruktur der Keramik durch ein kubisches Gitter mit Symmetriezentrum gekennzeichnet. Durch diese Anordnung ist kein piezoelektrischer Effekt zu beobachten, Abbildung 2.33 links. Die Struktur ist durch die kubisch angeordneten Bleiatome sowie die kubisch-flächenzentrierten Sauerstoffatome charakterisiert. Weiterhin ist ein Zirkon- bzw. Titanatom kubisch raumzentriert positioniert. Erst unterhalb der Curie-Temperatur wandelt sich die Kristallstruktur in ein tetragonales Gitter durch Verschiebung der Blei- und Sauerstoffatome bei gleichzeitiger Auslenkung des Zirkon- bzw. Titanatoms aus der zentralen Lage, Abbildung 2.33 rechts. Dadurch entsteht ein elektrischer Dipol mit ferroelektrischen Eigenschaften, also einer spontanen Polarisation. Eine mechanische Belastung der Struktur führt nun unterhalb der Curie-Temperatur zu einer Verschiebung der Atome und damit zu einer zusätzlichen Polarisation, die piezoelektrischer Effekt genannt wird. Wirkt dagegen auf die tetragonale Kristallstruktur ein elektrisches Feld, so entsteht eine induzierte Polarisation verbunden mit einer geometrischen Deformation. Dieser Vorgang ist als inverser piezoelektrischer Effekt definiert. Wird nun an ein Bauteil eine Wechselspannung mit sich wechselnder Polarisation angelegt, so wird eine Schwingung erzeugt. Dieser Effekt wird zur Anregung der Verdichterschaufeln innerhalb der experimentellen Modalanalyse genutzt.

Scanning Laser-Doppler-Vibrometer

Zur Ermittelung der Eigenfrequenzen sowie zur Visualisierung der Schwingungsantwort der Verdichterschaufeln kommt ein Scanning Laser-Doppler-Vibrometer (SLDV) zum Einsatz. Abbildung 2.34 stellt den Aufbau des SLDV nach RIGHINI [74] dar. Die Funktionsweise des Systems basiert auf dem Dopplereffekt und soll zunächst am Beispiel eines Laser-Doppler-Vibrometers (LDV) erläutert werden. Das SLDV unterscheidet sich vom LDV lediglich durch sequentielles Abtasten des Geschwindigkeitssignals auf einem vorher definierten Messplan. Die Positionierung des Laserstrahls auf dem Messobjekt wird durch den Einsatz von beweglichen Spiegeln erreicht.

Ein Laserstrahl mit einer definierten Wellenlänge λ wird an einem Strahlteiler in einen Referenzstrahl und einen Messstrahl aufgeteilt. Der Messstrahl wird weiter durch einen halbdurchlässigen Spiegel sowie eine Linse auf die Objektoberfläche geleitet und von dieser reflektiert. Der reflektierte Strahl wird von der Schaufeloberfläche kommend an dem halbdurchlässigen Spiegel zu einer Photodiode umgeleitet und aufgenommen. Je nach dem, ob sich das Objekt zu dem Laser hin oder vom Laser weg bewegt, ändert sich die Wellenlänge des Messstrahls. Durch

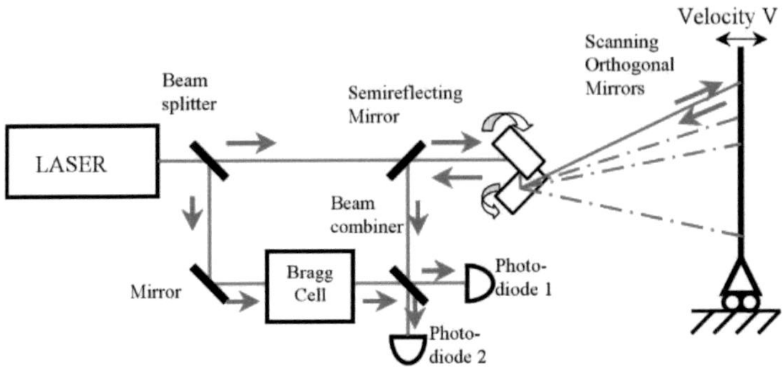

Abbildung 2.34 Aufbau eines Scanning Laser-Doppler-Vibrometers (SLDV) zur Detektierung von Eigenfrequenzen und Eigenformen, RIGHINI [74]

die Überlagerung des Messstrahls mit dem Referenzstrahl kann mit Hilfe eines Interferometers die Frequenzverschiebung des Messstrahls f_D ermittelt werden. Ist die Frequenzverschiebung bekannt, so läßt sich die Schwinggeschwindigkeit v gemäß Gleichung 2.53

$$\triangle f_D = \frac{2v}{\lambda} \tag{2.53}$$

ermitteln. Zur Detektierung der Eigenformen ist außerdem die Richtung der Schaufelbewegung von Interesse. Da sowohl positive als auch negative Messobjektbewegungen das gleiche Interferenzmuster erzeugen, wird eine Bragg-Zelle in den Verlauf des Referenzstrahls zwischengeschaltet. Diese Zelle bewirkt eine Frequenzverschiebung $\triangle f_{BC}$. Damit können Schwinggeschwindigkeiten von Null sowie positive bzw. negative Schwinggeschwindigkeiten erkannt werden. Schließlich kann durch Gleichung 2.54

$$\triangle f_T = \triangle f_D + \triangle f_{BC} \tag{2.54}$$

bei bekannter Frequenzverschiebung die Geschwindigkeit und die Bewegungsrichtung des Messobjekts ermittelt werden. Durch den Einsatz des SLDV kann die Bewegungsrichtung des Messobjekts auf unterschiedlichen Positionen der Oberfläche abgetastet werden, wodurch die zugehörige Schwingform der einzelnen Eigenfrequenzen ermittelt werden kann.

Ermitteln des Frequenzspektrums

Die Verdichterschaufel wird zur Ermittelung der modalen Parameter über das Piezoelement mit einem transienten Gleitsinussignal im Frequenzbereich von 200 Hz - 20 kHz angeregt. Gegenüber dem harmonischen Sinussignal durchfährt der Gleitsinus den Frequenzbereich mit einem Sinussignal in einer definierten Frequenzänderung. Der Gleitsinus hat den Vorteil, dass der eingeschwungene Zustand des Systems nicht abgewartet werden muß, was sich besonders bei der Verdichterschaufel und dem interessanten Frequenzbereich in einer deutlich geringeren Messzeit zeigt. Abbildung 2.35 stellt links ein harmonisches Sinussignal dar. Die rechte Abbildung zeigt einen exponentiellen Gleitsinus mit sich ändernder Frequenz.

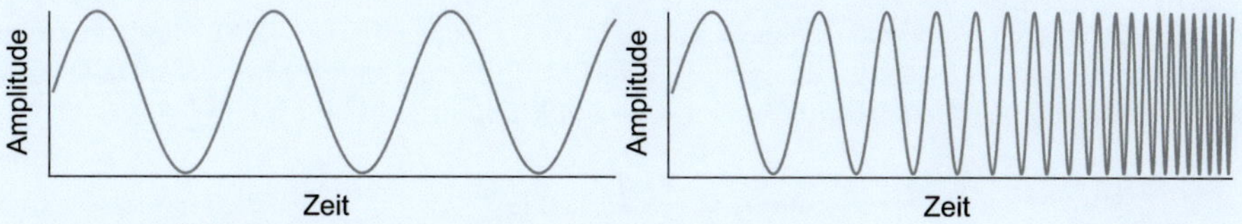

Abbildung 2.35 Links: Harmonisches Sinussignal; Rechts: Transientes Sinussignal

Das Antwortsignal der Verdichterschaufel wird von dem SLDV im Zeitbereich aufgenommen. In diesem Signal sind unterschiedliche Frequenzanteile enthalten, die für die weitere Untersuchung von Interesse sind. Mit der Fouriertransformation besteht die Möglichkeit, jedes beliebige Signal in einzelne Sinussignale zu zerlegen, SAGER [77]. Damit kann bei einer Überlagerung der Amplituden, Frequenzen und Phasen der einzelnen Sinussignale wieder das ursprüngliche Ausgangssignal erzeugt werden. Abbildung 2.36a stellt den Zusammenhang zwischen dem Zeitbereich und dem Frequenzbereich eines Signals in einer dreidimensionalen Grafik dar, PACKARD [2]. Ausgehend von einem periodischen Zeitsignal, Abbildung 2.36b, sind die einzelnen Sinussignale mit der entsprechenden Amplitude über dem Zeitbereich aufgetragen. In der dreidimensionalen Grafik werden die Sinussignale entsprechend ihrer Frequenz zusätzlich auf der Frequenzachse positioniert. Bei Betrachtung des Frequenzspektrums, Abbildung 2.36c, sind nun die einzelnen Frequenzen der Sinusschwingungen als vertikale Linie entsprechend der Amplitude erkennbar.

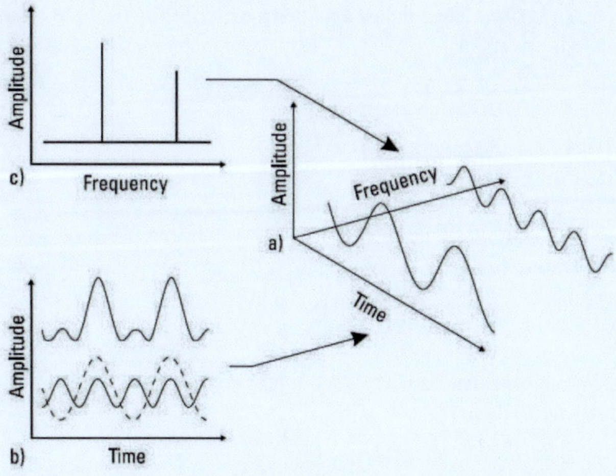

Abbildung 2.36 Transformation eines periodischen Signals aus dem Zeitbereich in den Frequenzbereich PACKARD [2]; a) Dreidimensionale Grafik mit Zeitachse, Amplitude und Frequenzachse; b) Zeitsignal; c) Frequenzsignal

Die Transformation aus dem Zeitbereich $x(t)$ in den Frequenzbereich $X(\omega)$ und umgekehrt basiert auf der nach FOURIER benannten Fouriertransformation, EWINS [27]. Die Fouriertransformation beschränkt sich auf eine stetige Funktion im Zeitbereich von $[-\infty;\infty]$.

$$X(\omega) = \frac{1}{2\pi}\int_{-\infty}^{\infty} x(t)e^{-i\Omega t}dt \tag{2.55}$$

$$x(t) = \int_{-\infty}^{\infty} X(\omega)e^{i\omega t}d\omega \tag{2.56}$$

Für diese Untersuchung liegt das Antwortsignal jedoch als diskreter Zeitverlauf in einem endlichen Zeitintervall vor. Deshalb muss die diskrete Fouriertransformation (DFT) mit

$$X_n = \sum_{k=0}^{N-1} x_k e^{-i2\pi\frac{nk}{N}} \tag{2.57}$$

$$x_k = \frac{1}{N}\sum_{n=0}^{N-1} X_n e^{i2\pi\frac{nk}{N}} \tag{2.58}$$

angewendet werden. Dabei stellt der Faktor N die Anzahl der diskreten Werte, n den Index der Frequenz und k den Index des Abtastwertes dar.
Für ein transientes Zeitsignal nach Abbildung 2.37 stellt sich im Gegensatz zum periodischen Zeitsignal aus Abbildung 2.36b im Frequenzbereich keine vertikale Linie für die einzelnen Signale ein. Vielmehr fallen die einzelnen Frequenzen zusammen und zeigen sich als stetigen Verlauf im Frequenzspektrum. Ein solches Frequenzspektrum ist deshalb auch bei der Anwendung des Gleitsinus zu erwarten.

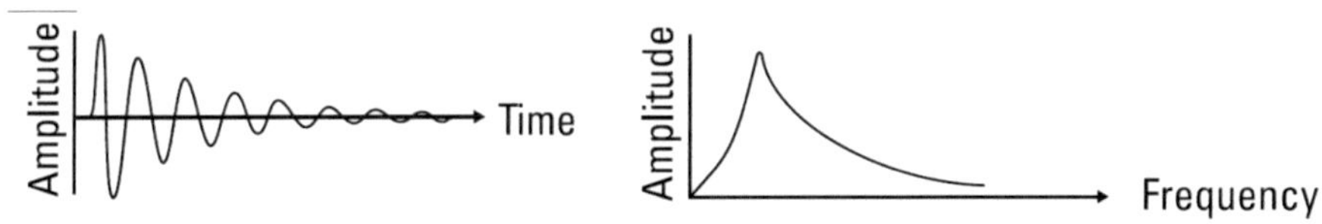

Abbildung 2.37 Darstellung eines transienten Signals im Zeitbereich (links) und im Frequenzbereich (rechts)

Um nun die Eigenfrequenzen der Verdichterschaufeln zu ermitteln wird auf die Übertragungsfunktion $H(i\Omega)$ zurückgegriffen.

$$H(i\Omega) = \frac{X(i\Omega)}{P(i\Omega)} \tag{2.59}$$

Die Übertragungsfunktion beschreibt den Zusammenhang zwischen einem Erregersignal $p(t)$ und dem dazugehörigen Antwortsignal $x(t)$ und kann als frequenzabhängiger Proportionalitätsfaktor verstanden werden, Gleichung 2.59. Dabei sind $X(i\Omega)$ und $P(i\Omega)$ komplexe Fouriertransformierte, BEIROW [14].

Abbildung 2.38 zeigt das Frequenzspektrum einer untersuchten Verdichterschaufel auf Basis der Übertragunsfunktion.

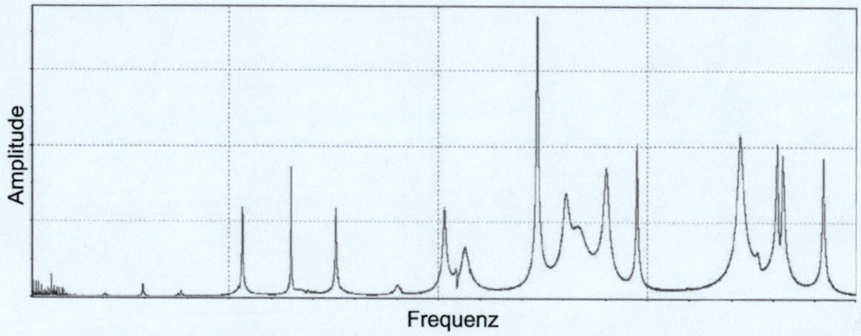

Abbildung 2.38 Frequenzspektrum einer Verdichterschaufel

2.8 Probabilistischer Ansatz

Mit dem probabilistischen Ansatz kann anhand eines deterministischen Modells der Einfluss von Eingangsparameterstreuungen auf die Variabilität von Ergebnisparametern ermittelt werden, siehe Abbildung 1.1 aus der Einleitung. Gegenüber dem deterministischen Ansatz, mit dem eine Punktlösung auf Basis von nicht streuenden Eingangsparametern berechnet wird, bietet sich so die Möglichkeit statistisch fundierte Aussagen zum Systemverhalten zu treffen. Neben der Eintrittswahrscheinlichkeit eines Ereignisses können durch geeignete Verfahren auch die Korrelationen der streuenden Parameter untereinander ermittelt werden. Von besonderem Interesse sind dabei die Korrelation zwischen den Eingangsparameterstreuungen und den Streuungen der Ergebnisparameter um die Robustheit eines Systems zu bewerten.
Die Berücksichtigung von Unsicherheiten einer streuenden Grundgesamtheit kann durch unterschiedliche numerische Verfahren abgebildet werden. Die Wahl der probabilistischen Methode ist abhängig vom Ziel der Untersuchung. Mit der Monte-Carlo Simulation (MCS) lässt sich das gesamte Systemverhalten einer streuenden Grundgesamtheit unabhängig von der Anzahl der Eingangsparameter abbilden. Zwischen allen streuenden Parametern lassen sich Korrelation berechnen. Mit dem Design of Experiments (DoE) werden unterschiedliche Kombinationen streuender Eingangsparameter berechnet um eine optimale Kombination zu ermitteln. Dieses Verfahren ist stark von der Anzahl der Eingangsparameter abhängig. Beide Verfahren eignen sich nicht um Eintrittswahrscheinlichkeiten zu berechnen. Diese können z.B. durch den Einsatz einer Antwortfläche (RSM) auf Basis diskreter Werte einer streuenden Systemantwort ermittelt werden. VOIGT gibt in seiner Dissertation [93] einen umfangreichen Überblick zu probabilistischen Verfahren und stellt Vor- und Nachteile heraus.
Innerhalb dieser Arbeit wird die MCS mit einem Latin-Hypercube Sampling angewendet. Abbildung 2.39 zeigt den schematischen Ablauf einer MCS. Die streuenden Eingangsparameter werden als stochastische Variablen mit einer entsprechenden statistischen Verteilung definiert. Mit dem Latin-Hypercube Sampling werden auf Basis der stochastischen Variablen n_{sim} zufällige Eingangsparameterdatensätze (Realisierungen) für ein deterministische Modell erzeugt. Die Anzahl der n_{sim} Realisierungen richtet sich nach der Anzahl der stochastischen Variablen

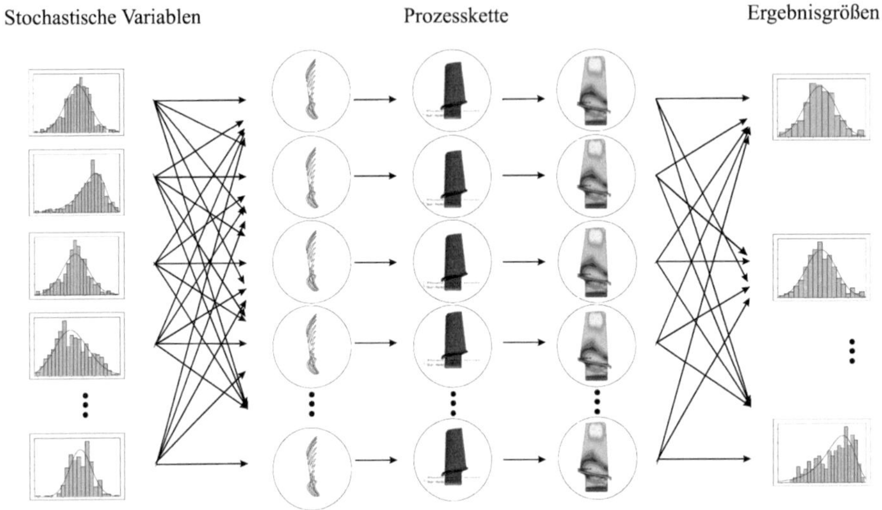

Abbildung 2.39 Schematischer Ablauf einer Monte-Carlo-Simulation, HEINZE et al. [41]

sowie dem angestrebten Konfidenzintervall der statistischen Parameter der Ergebnisparameter. Anschließend werden n_{sim} deterministische Modellrechnungen durchgeführt, womit zu jedem Ergebnisparameter n_{sim} diskrete Werte vorliegen. Auf Basis dieser diskreten Verteilungen kann anschließend eine statistische Auswertung des Systemverhaltens erfolgen. Zwischen allen am Prozess beteiligten streuenden Parameter lassen sich die Korrelation berechnen, die einen Aufschluss über den Einfluss der Eingangsparameterstreuung auf die Streuung der Systemantworten geben.

In den folgenden Abschnitten soll auf grundlegende Begriffe und mathematische Methoden, die zur Durchführung einer MCS nötig sind, eingegangen werden. Alle erläuterten Zusammenhänge tragen zum besseren Verständnis der Arbeit bei. Zunächst wird in Abschnitt 2.8.1 auf den Begriff der stochastischen Variablen sowie die entsprechenden Dichte- und Verteilungsfunktionen eingegangen. Zusätzlich wird der ANDERSON-DARLING Anpassungstest zur Approximierung diskreter Dichtefunktionen mit stetigen Dichtefunktionen vorgestellt. Anschließend werden in Abschnitt 2.8.2 statistische Parameter der stochastischen Variablen vorgestellt. Dazu werden neben den statistischen Momenten die Quantile von Verteilungen, das Konfidenzintervall sowie die Darstellung statistischer Parameter im Box-Whisker-Plot erläutert. In Abschnitt 2.8.3 werden Methoden, die zur statistischen Auswertung der probabilistischen Untersuchung genutzt werden, vorgestellt. Dazu zählen der SPEARMAN-Rangkorrelationskoeffizient, das Wichtigkeitsmaß (COI) nach BUCHER [21] sowie die Visualisierung statistischer Parameter auf einem diskretisierten Netz. Abschließend wird in Abschnitt 2.8.4 der Begriff des robusten Systemverhaltens erläutert.

2.8.1 Stochastische Variablen

Mit stochastischen Variablen $\mathbf{x}$ lässt sich die Streuung einer Variablen berücksichtigen. Stochastischen Variablen werden als Wahrscheinlichkeitsdichte- und Verteilungsfunktionen dargestellt. Wobei der Begriff Wahrscheinlichkeitsdichtefunktion oft durch Dichtefunktion abgekürzt wird. Die Dichtefunktion gibt den Häufigkeitsverlauf $f(x)$ der stochastischen Variablen $\mathbf{x}$ an.

$$\mathbf{x} = (x_1, x_2, x_3, \cdots, x_n)^T \tag{2.60}$$

Die Fläche unter der Dichtefunktion im Bereich $[-\infty, x]$ entspricht der Wahrscheinlichkeit P_x für den Eintritt eines Ereignisses. Die Darstellung der Wahrscheinlichkeit P_x wird als Verteilungsfunktion $F(x)$ bezeichnet. Zwischen Dichtefunktion und Verteilungsfunktion besteht der Zusammenhang

$$F(x) = \sum_{x_i \leq x} f(x_i) \tag{2.61}$$

für diskrete Variablen und

$$F(x) = \int_{-\infty}^{x} f(x)dx \tag{2.62}$$

für stetige Variablen. Für die Gesamtfläche der Wahrscheinlichkeitsdichte $F(x)$ gilt sowohl für diskrete als auch für stetige Wahrscheinlichkeitsdichten

$$F(x) = \sum_{-\infty}^{\infty} f(x_i) = \int_{-\infty}^{\infty} f(x)dx = 1. \tag{2.63}$$

Abbildung 2.40 zeigt links eine diskrete und eine stetige normalverteilte Dichtefunktion. Die entsprechenden Verteilungsfunktionen sind auf der rechten Abbildung dargestellt.

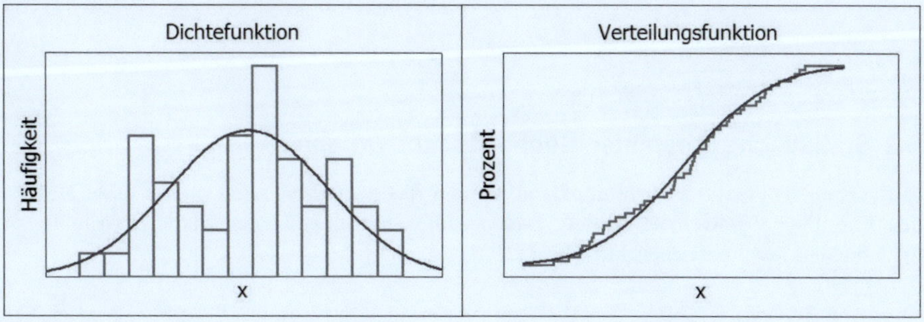

Abbildung 2.40 Diskrete und stetige Funktionen der stochastischen Variable $\mathbf{x}$; Links: Dichtefunktion; Rechts: Verteilungsfunktion

Typische Verteilungen sind normalverteilt, gleichverteilt oder weibullverteilt. Weitere Verteilungen sowie die Zusammenhänge zwischen den Verteilungen können in SACHS [76] nachgelesen werden. Alle Verteilungen können neben Mittelwert und Standardabweichung zusätzlich durch Schiefe und Wölbung beschrieben werden. Abbildung 2.41 zeigt jeweils die Dichteverteilung (links) sowie die Wahrscheinlichkeitsverteilung (rechts) für eine Lognormalverteilung und eine Weibullverteilung. An beiden Verteilungen ist die ausgeprägte Schiefe erkennbar. Die dargestellte Lognormalverteilung wird linkssteil bzw. rechtsschief genannt. Die dargestellte Weibullverteilung wird rechtssteil bzw. linksschief genannt. Die Berechnung der statistischen Parametern einer Verteilung wird in Abschnitt 2.8.2 vorgestellt.

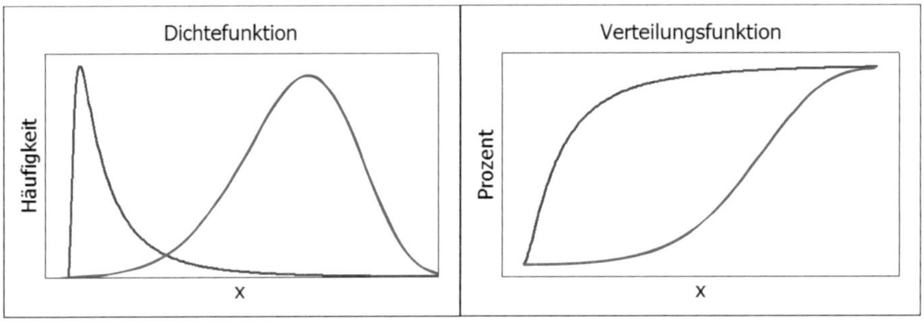

Abbildung 2.41 Dichte- (links) und Wahrscheinlichkeitsverteilungen (rechts) einer Lognormal- und Weibullverteilung

ANDERSON-DARLING Anpassungstest

Mit dem ANDERSON-DARLING Anpassungstest [9] kann geprüft werden, ob die Verteilungsfunktion einer stochastischen Variablen einer angenommen Verteilungsfunktion entspricht. Dazu wird der senkrechte Abstand zwischen den Verteilungen (siehe Abbildung 2.40 rechts) berechnet und gewichtet. Der Anderson-Darling Wert berechnet sich nach Gleichung 2.64.

$$AD^2 = -n - \sum_{i=1}^{n} \frac{2i-1}{n} \left[logF(x_i) + log(1 - x_{n+1-i}) \right] \; n\sigma^2 \tag{2.64}$$

2.8.2 Statistische Parameter stochastischer Variablen

Auf Basis einer diskreten Dichtefunktion können die statistischer Parameter einer stochastischen Variablen $\mathbf{x}$ berechnet werden, SACHS [76]. Gleichung 2.65 zeigt die Berechnungsvorschrift für den arithmetischen Mittelwert $\overline{x}$

$$\overline{x} = \frac{1}{n} \sum_{i=1}^{n} x_i \tag{2.65}$$

und Gleichung 2.66 für die Standardabweichung s

$$s = \sqrt{\frac{1}{n-1} \sum_{i=1}^{n} (x_i - \overline{x})^2}. \tag{2.66}$$

Arithmetischer Mittelwert und Standardabweichung werden auch als erstes und zweites statistisches Moment bezeichnet. Die Schiefe g_1 einer diskreten Verteilung kann mit

$$g_1 = \frac{1}{n} \sum_{i=1}^{n} \left(\frac{x_i - \overline{x}}{s} \right)^3 \tag{2.67}$$

berechnet werden. Die Wölbung g_2 berechnet sich mit

$$g_2 = \frac{1}{n} \sum_{i=1}^{n} \left(\frac{x_i - \overline{x}}{s} \right)^4 - 3. \tag{2.68}$$

Schiefe und Wölbung definieren das dritte und vierte statistische Moment. Aus Mittelwert $\overline{x}$ und Standardabweichung s läßt sich der Variationskoeffizient ν

$$\nu = \frac{s}{\overline{x}} \tag{2.69}$$

als relatives Maß für die Streuung berechnen.

Quantile von Verteilungen

Ein α-Quantil bezeichnet einen Anteil aller Werte einer aufsteigend sortierten stochastischen Variablen. Es trennt somit die Werte in einen unteren und einen oberen Bereich an der Stelle x_α. Die Berechnung erfolgt nach:

$$x_\alpha = \begin{cases} 0.5(x_i + x_{i+1}) & \text{wenn } n \cdot \alpha \text{ ganzzahlig} \\ x_i & \text{sonst} \end{cases} \tag{2.70}$$

Typische Quantile sind $Q_{0.25}$, $Q_{0.5}$ und $Q_{0.75}$, die Quartile einer Verteilung genannt werden und die Verteilung in vier gleiche Teile unterteilen. Die Quartile werden in der Literatur auch als

$$\begin{aligned} Q_1 &= Q_{0.25} \\ Q_2 &= Q_{0.5} \\ Q_3 &= Q_{0.75} \end{aligned} \tag{2.71}$$

bezeichnet. Der Median einer Verteilung wird durch Q_2 ausgedrückt. An diesem Punkt beträgt der Flächeninhalt der Verteilung 50%. Die Interquartilbreite IQR

$$IQR = Q_3 - Q_1 \tag{2.72}$$

zwischen ersten und dritten Quartil ist ein Maß für die Streuung. Die exakte Angabe der Quartile erfordert eine Verteilung deren diskrete Werte einem ganzzahligen Vielfachen von vier entsprechen. Ist diese Bedingung nicht erfüllt, können die Quartile nicht exakt berechnet werden.

Konfidenzintervall

Als Konfidenzintervall wird ein aus Stichproben berechnetes Intervall genannt, dass den wahren aber unbekannten Parameter einer Grundgesamtheit überdeckt. Die Länge des Intervalls wird basierend auf einer Vertrauenswahrscheinlichkeit γ berechnet. Das Konfidenzintervall für den wahren Mittelwert μ einer normalverteilten Stichprobe $\mathbf{x}$ berechnet sich nach

$$\overline{x} - t\,\frac{s}{\sqrt{n}} \leq \mu \leq \overline{x} + t\,\frac{s}{\sqrt{n}} \text{ mit } t_{n-1;1-\alpha/2}. \tag{2.73}$$

Das Konfidenzintervall für die wahre Standardabweichung σ_S einer normalverteilten Stichprobe $\mathbf{x}$ wird nach

$$\frac{s^2(n-1)}{\chi^2_{n-1;1-\alpha/2}} \leq \sigma_S^2 \leq \frac{s^2(n-1)}{\chi^2_{n-1;\alpha/2}} \tag{2.74}$$

berechnet. Die entsprechenden Werte aus der t- bzw. χ-Verteilung können z.B. aus Sachs [76] entnommen werden. α entspricht der Irrtumswahrscheinlichkeit und ist mit $\alpha = 1-\gamma$ definiert.

Box-Whisker-Plot

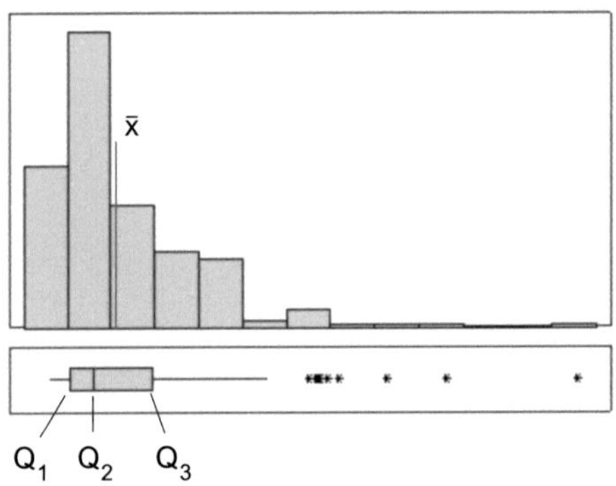

Abbildung 2.42 Diskrete Dichtefunktion (oben) und Box-Whisker-Plot (unten) einer Lognormalverteilung

Abbildung 2.42 stellt die in den vorherigen Abschnitten definierten statistischen Parameter an einer Lognormalverteilung mit einem von Tukey [92] eingeführten Box-Whisker-Plot dar. Die linke und rechte Grenze der grau dargestellten Box (Abbildung 2.42 unten) definieren Q_1 und Q_3. Der senkrechte Strich innerhalb der Box kennzeichnet Q_2. Die dargestellten Antennen (engl. Whisker) links und rechts der Box stellen das 95%-Konfidenzintervall für diese Verteilung dar. Zusätzlich ist in der Abbildung die Position des Mittelwertes $\overline{x}$ dieser Lognormalverteilung in der diskreten Dichtefunktion eingezeichnet. Dieser befindet sich nicht an der Position des 50%-Quartils Q_2. Der Grund hierfür kann sowohl die Schiefe der Verteilung als auch das Auftreten von Ausreißern sein. Als Ausreißer sind in der Abbildung Werte außerhalb des 95%-Konfidenzintervalls definiert. Diese Werte sind als Sterne dargestellt und befinden sich am rechten Rand der Verteilung. Es wird deutlich, dass Ausreißer Mittelwert $\overline{x}$ und Standardabweichung s stark beeinflussen. Deshalb wird in dieser Arbeit zur statistischen Auswertung der geometrischen Parameter auch auf den Median Q_2 und die Interquartilbreite IQR zurückgegriffen, da diese durch ihre Definition anhand des Flächeninhalts unterhalb der Verteilung von Ausreißern unabhängig sind.

2.8.3 Methoden zur statistischen Auswertung

SPEARMAN-Rangkorrelationskoeffizient

Der lineare und monoton-nichtlineare Zusammenhang zwischen zwei stochastischen Variablen kann mit dem Rangkorrelationskoeffizienten $\widetilde{r}$ nach SPEARMAN [84] berechnet werden. Zur Berechnung des Rangkorrelationskoeffizienten werden zunächst die stochastischen Variablen nach ihrem Rang R sortiert, wodurch die Variablen ihren absoluten Abstand zueinander verlieren. Der Vorteil dieses Ansatzes ist, dass der Einfluss von Ausreißern in den stochastischen Variablen vernachlässigt wird. Anschließend wird auf Basis der Ränge die Kovarianz berechnet und mit dem Produkt der Standardabweichungen normiert.

$$\widetilde{r}_{\mathbf{xy}} = \frac{\sum_{k=1}^{n}(R_{xi} - \overline{R}_x)(R_{yi} - \overline{R}_y)}{\sqrt{\sum_{k=1}^{n}(R_{xi} - \overline{R}_x)^2}\sqrt{\sum_{k=1}^{n}(R_{yi} - \overline{R}_y)^2}} \tag{2.75}$$

Der Rangkorrelationskoeffizient ist im Bereich $[-1 \leq \widetilde{r} \leq 1]$ definiert. Für $\widetilde{r} \approx 0$ ist von keinem linearen oder monoton nicht-linearen Zusammenhang zwischen den Variablen auszugehen. Ein starker linearer oder monoton-nichtlinearer Zusammenhang wird mit $|\widetilde{r}| = 1$ ausgedrückt. Rein mathematisch liegt für $\widetilde{r} > 0$ ein positiver und für $\widetilde{r} < 0$ ein negativer linearer bzw. monoton-nichtlinearer Zusammenhang vor. In Abbildung 2.43 ist der Zusammenhang zwischen zwei stochastischen Variablen anhand der Punktwolken grafisch dargestellt. Der Korrelationskoeffizient beträgt von links nach rechts: $\widetilde{r} = -0.67$, $\widetilde{r} = -0.05$ und $\widetilde{r} = 0.68$.

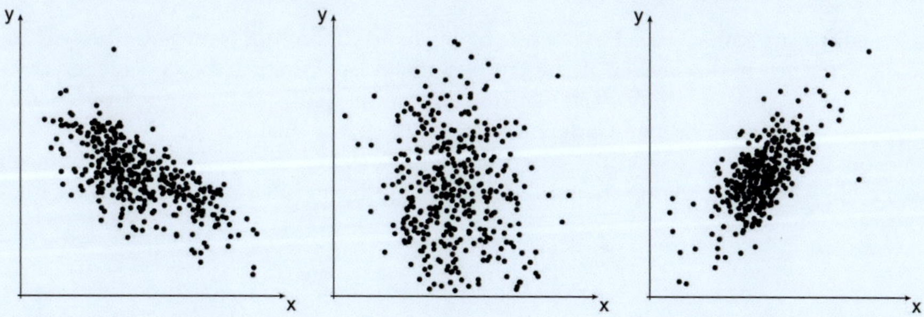

Abbildung 2.43 Punktwolken mit unterschiedlichen Korrelation zwischen zwei stochastischen Variablen; Links: $\widetilde{r} = -0.67$; Mitte: $\widetilde{r} = -0.05$; Rechts: $\widetilde{r} = 0.68$

Wichtigkeitsmaß

Das Wichtigkeitsmaß (COI) nach BUCHER [21] ist ein statistisches Werkzeug zur Berechnung des Einflusses von stochastischen Eingangsgrößen eines Modells auf die Systemantwort. Im Gegensatz zum SPEARMAN-Rangkorrelationskoeffizienten erfolgt die Quantifizierung auf Basis von Regressionsmodellen. Dazu wird zunächst das gesamte Systemverhalten approximiert. Die Güte der Approximation wird durch das Bestimmtheitsmaß R^2 ausgedrückt, das im Bereich $[0, 1]$ definiert ist. Für eine erfolgreiche Anwendung des COI ist ein $R^2 \geq 0.9$ ratsam. Dabei sollte die visuelle Überprüfung immer in Erwägung gezogen werden, da es trotz eines hohen Bestimmtheitsmaßes lokal zu Abweichungen kommen kann, die durch den Koeffizienten nicht berücksichtigt wurden. Nach BUCHER [21] berechnet sich das Wichtigkeitsmaß nach

$$COI = \frac{R^2 - R_x^2}{R^2} \tag{2.76}$$

Zur Quantifizierung der Wichtigkeit einer stochastischen Variablen $\mathbf{x}$ wird diese zur Berechnung des Bestimmtheitsmaßes nicht berücksichtigt. Je größer dabei die Differenz zwischen dem Bestimmtheitsmaß des gesamten Systems R^2 und dem Bestimmtheitsmaß des um die zu untersuchende stochastische Variable reduzierten Modells R_x^2 ist, desto mehr Einfluss hat die Variable auf das gesamte Systemverhalten.
Als weiterer wichtiger Vorteil des COI gegenüber dem Rangkorrelationskoeffizienten sei erwähnt, dass der COI weniger sensitiv auf korrelierte Eingangsgrößen reagiert. Dadurch werden wichtige Zusammenhänge zur Beurteilung des Systemverhaltens deutlich.

Visualisierung statistischer Parameter

Die Visualisierung statistischer Parameter auf einem diskretisierten Netz eines Bauteils eignet sich zur einfachen und schnellen Auswertung statistischer Parameter und zeigt interessante Bereiche eines Systems auf, VOIGT [93] und DYNARDO [101]. Dazu werden auf Basis der vorhanden Daten einer Monte-Carlo Simulation an jedem Knoten des Netzes statistische Parameter berechnet und visuell dargestellt. Die Erkennung dieser "Hot Spots" ermöglicht eine gezielte Auswertung der probabilistischen Untersuchung. Innerhalb dieser Arbeit werden:

- Mittelwertabweichungen,
- Streuungen
- und Wahrscheinlichkeiten

auf dem FE-Netz einer Referenz-Verdichterschaufel visualisiert. In Abbildung 2.44 ist der Mittelwert der Abweichungen von über 400 gefertigten Verdichterschaufeln zum nominalen Design dargestellt.

2.8.4 Robustes Systemverhalten

Als Robustheit eines Systems wird u.a. die Empfindlichkeit der Systemantworten auf die Streuung der Eingangsparameter bezeichnet, PHADKE [68] und WILL et al. [98]. Von besonderem Interesse ist dabei, den Einfluss eines unerwünschten Ereignisses zu minimieren, ohne dabei das Ereignis selbst auszuschließen. Somit ist die Robustheit eines Systems eines der wichtigsten Designkriterien zur Sicherung der Funktionsfähigkeit, Funktionssicherheit und Zuverlässigkeit.

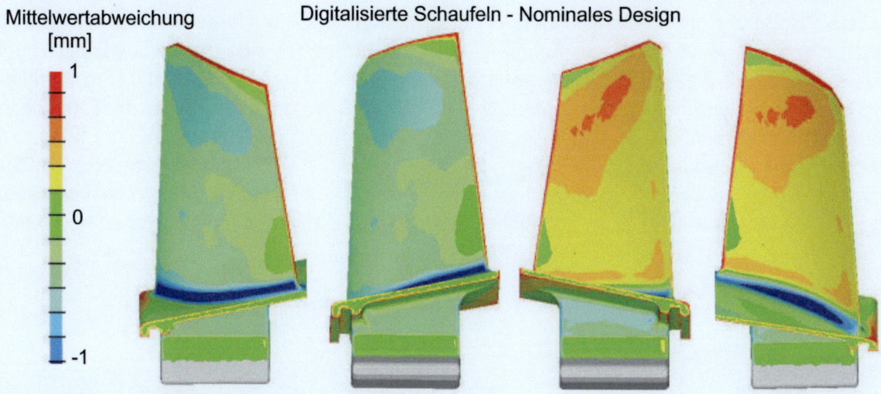

Abbildung 2.44 Mittelwert der Abweichungen von über 400 gefertigten Verdichterschaufeln zum nominalen Design

Typische Maße zur Bewertung der Robustheit sind [98]:

- die Überschreitung von Grenzwerten,
- das Auftreten von unerwünschten Änderungen der Systemantworten,
- das Ansprechen von Systeminstabilitäten,
- eine deutliche Verschiebung der Mittelwerte sowie
- eine Veränderung der Variationskoeffizienten.

Abbildung 2.45, Voigt [93], verdeutlicht den Unterschied zwischen einem robusten und einem nicht-robusten System. Das robuste System (linke Abbildung) ist dadurch gekennzeichnet, dass die zulässige Streubreite (durch die roten Begrenzungen markiert) der Ergebnisparameter bei einer Veränderung der Eingangsparameterstreuung nicht überschritten wird. Ist das System

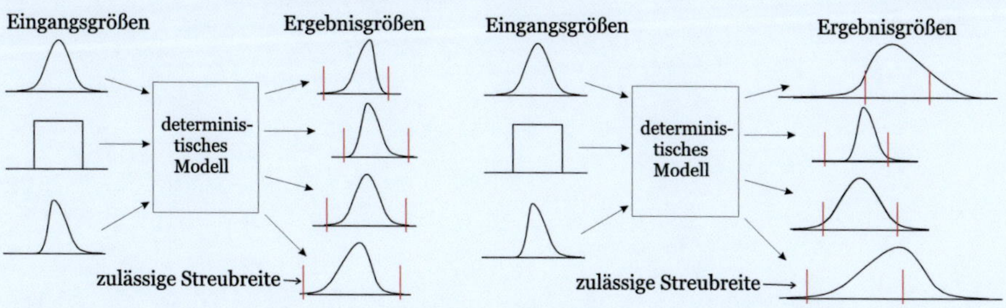

Abbildung 2.45 Darstellung zum robusten Systemverhalten, Voigt [93]; Links: robustes System; Rechts: nicht-robustes System

nicht robust (rechte Abbildung), so kann eine Änderung der Eingangsparameterstreuung zu einer Änderung der Verteilungsfunktion, zu einer Mittelwertverschiebung, zur Vergrößerung der Streuung bzw. zu einer Änderung des Variationskoeffizienten der Ergebnisparameter führen.

Um eine Robustheitsbewertung durchzuführen, sollten zunächst alle beliebigen Parameter des Systems mit einer Streuung behaftet werden. Dadurch können Unzulänglichkeiten im Simulationsprozess ausgeschlossen werden. Anschließend ist es erforderlich, alle Unsicherheiten der Parametern durch begründete Streuungen zu beschreiben, um den Einfluss der Eingangsparameterstreuungen auf die Systemantworten zu untersuchen. Durch diesen Ansatz können die wesentlichen Unsicherheiten identifiziert, die Streuungen der wichtigsten Parameter ermittelt und die Korrelation zwischen den stochastischen Variablen berechnet werden. Die Auswertung dieser statistischen Daten kann schließlich zur Verbesserung des Systemverhaltens genutzt werden.

3 Parametrisierung der Verdichterschaufelgeometrie

Die Erfassung der geometrischen Variabilität der gefertigten Verdichterschaufeln soll sich an für jeden Turbomaschineningenieur verständlichen Parametern orientieren. Damit wird gewährleistet, dass Fertigungsstreuungen der Schaufel fachübergreifend (z.B. zwischen den Gruppen der Aerodynamik und der Strukturmechanik) diskutiert werden können. Weiterhin wird die Interpretation der Ergebnisse aus der statistischen Auswertung der probabilistischen Untersuchung vereinfacht. Mit der angewendeten Methode soll außerdem eine flexible Ermittelung der geometrischen Parameter von gefertigten Schaufeln unabhängig vom Schaufeltyp gewährleistet sein. Eine Gegenüberstellung der Methoden zur geometrischen Parametrisierung des Schaufelblatts ist bereits in Abschnitt 2.2 erfolgt. Für diese Arbeit wird die geometrische Parametrisierung in Anlehnung an NACA-Parameter genutzt, mit der die oben genannten Bedingungen erfüllt werden können.

Die geometrische Variabilität des Fillets am Übergang zwischen Schaufelblatt und Plattform kann mit einem geeigneten Modell ebenfalls für unterschiedliche Schaufeltypen erfasst werden. Die Parametrisierung erfolgt auf Profilschnitten, die an unterschiedlichen Positionen aus dem STL-Netz extrahiert werden. In dieser Arbeit wird der Fillet als Kreis approximiert.

Die Parametrisierung von Plattform, Schaft und Schaufelfuss erfolgt analog auf Basis von Profilschnitten, an denen typische geometrische Maße (z.B. Länge oder Radius) ermittelt werden. Dieser Ansatz zur Parametrisierung kann aufgrund unterschiedlich gestalteter Schaufelfussgeometrien (z.B. als Schwalbenschwanz oder Tannenbaum) nicht vereinheitlicht werden und muss entsprechend für jede Schaufel neu angepasst werden.

In den folgenden Abschnitten des Kapitels werden die Methoden zur Parametrisierung der Verdichterschaufelgeometrie ausführlich beschrieben. In Abschnitt 3.1 wird zunächst die Profilschnittextrahierung vorgestellt. Anschließend wird in den Abschnitten 3.2, 3.3 und 3.4 auf die Parametrisierung von Schaufelblatt, Fillet sowie Plattform, Schaft und Schaufelfuss eingegangen. Die verwendeten geometrischen Parameter werden in Abschnitt 3.5 zusammengefasst. Abschließend erfolgt in Abschnitt 3.6 eine kritische Betrachtung des parametrischen Modells.

3.1 Extrahierung der Profilschnitte aus dem STL-Netz

Zur Parametrisierung der Schaufelgeometrie werden Profilschnitte aus einem STL-Netz extrahiert. Für die Extrahierung der Profilschnitte aus dem Schaufelblatt nutzt LANGE [56] die Begrenzungen der Strömungskanalgeometrie an Nabe und Gehäuse. Diese kann aufgrund der rotationssymetrischen Bauweise mittels zweidimensionalen Stromlinien $z_N(x)$ und $z_G(x)$ beschrieben werden. Durch die Definition der Strömungskanalgeometrie können für eine beliebige Anzahl an Profilschnitten j entsprechend der radialen Position z_j Stromlinien zur Profilschnittextrahierung definiert werden. Die Positionierung der Profilschnitte im Strömungskanal ist durch einen normierten Faktor s_j im Wertebereich [0,1] von Plattform (0) bis Schaufelspitze (1) definiert.

$$z_j(x) = (1 - s_j) \cdot z_N(x) + s_j \cdot z_G(x) \tag{3.1}$$

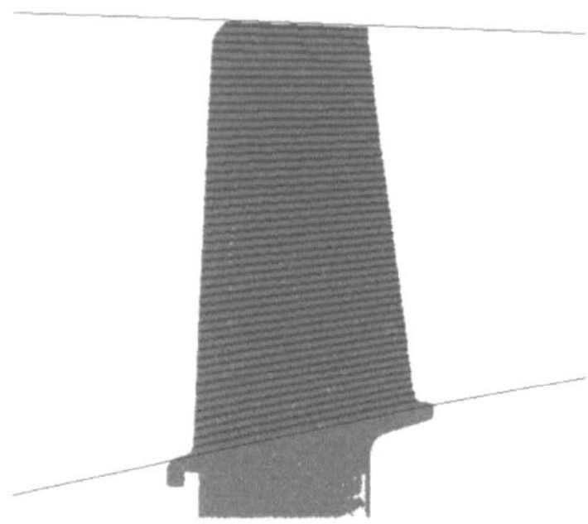

Abbildung 3.1 STL-Netz einer Verdichterschaufel mit Profilschnitten auf Basis der Strömungskanalgeometrie

Abbildung 3.1 zeigt ein Verdichterschaufelprofil. Die Knoten des STL-Netzes sind grau dargestellt. Die Begrenzung des Strömungskanals an Nabe und Gehäuse ist durch blaue Linien illustriert. Die Stromlinien zur Profilschnittextrahierung sind rot eingefärbt. Die Variabilität der Methode ist gekennzeichnet durch die freie Vorgabe der Stromlinienanzahl sowie den Verlauf der Nabe- und Gehäusegeometrie, womit unterschiedlichste Schaufelgeometrien berücksichtigt werden können.
Durch Rotation der Stromlinie $z_j = f(x)$ um die Maschinenachse (x-Achse) wird ein 3D–Rotationskörper

$$r_j = f(\theta, x) \; mit \; 0 \leq \theta \leq 2\pi \tag{3.2}$$

entsprechend den Zylinderkoordinaten r,θ,x erstellt. Anschließend werden die Dreiecke des STL-Netzes, die von der Rotationsfläche geschnitten werden, gefiltert. Zur Ermittelung der Schnittpunkte zwischen den gefilterten Dreiecken des STL-Netzes und der Rotationsfläche wird die Rotationsfläche jeweils lokal an den Schnittpunkten mit einer Ebene

$$Ax + By + Cz + D = 0 \tag{3.3}$$

approximiert. Der Schnittpunkt berechnet sich schließlich aus dem Durchstoßpunkt der lokal approximierten Ebene mit den entsprechenden

$$z = f(x, y) \tag{3.4}$$

Dreiecksseiten. Abbildung 3.2 links verdeutlicht die Vorgehensweise anhand einer Skizze. Das STL-Netz (schwarz) einer Oberflächengeometrie (blau) wird durch eine Rotationsfläche (violett) geschnitten. Zunächst wird der Bereich des Schnittpunktes zwischen dem STL-Netz und der Rotationsfläche gefiltert und die Rotationsfläche lokal durch eine Ebene (grün) approximiert. Mittels dieser Ebene wird anschließend der Schnittpunkt berechnet. Abbildung 3.2 rechts

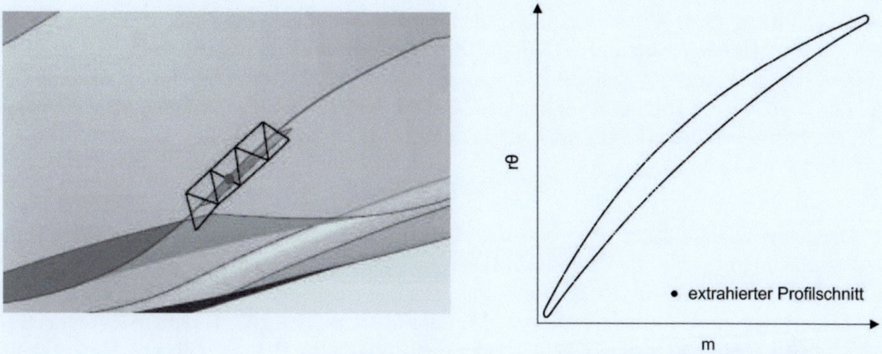

Abbildung 3.2 Links: Erläuterung zur Bestimmung der Profilschnittstützpunkte; Rechts: Stützpunkte eines Profilschnittes aus einer digitalisierten Verdichterschaufelgeometrie

zeigt die Schnittpunkte eines aus dem STL-Netz extrahierten Verdichterschaufelprofils im zweidimensionalen, meridionalen Koordinatensystem $[r\theta, m]$.
Analog dem Schaufelblatt erfolgt die Extrahierung von Profilschnitten aus dem STL-Netz für die Parametrisierung von Fillet, Plattform, Schaft und Schaufelfuss. Dazu wird das STL-Netz mit einer global definierten Ebene nach Gleichung 3.3 geschnitten.

3.2 Parametrisierung Schaufelblatt

Zur Parametrisierung der extrahierten Profilschnitte im Schaufelblatt erfolgt die Transformation der Profilschnittpunkte aus dem kartesischen Koordinatensystem in das meridionale Koordinatensystem, Abschnitt 2.1.

$$\mathbf{P} = [\mathbf{r}\theta; \mathbf{m}]\,. \tag{3.5}$$

Zur Berechnung der Skelettlinie wird auf einen Algorithmus von Delaunay und Voronoi zurückgegriffen, Aurenhammer [11]. Dieser Algorithmus bestimmt zuverlässig die Profilmittellinie einer beliebigen Geometrie auf Basis definierter Stützpunkte.

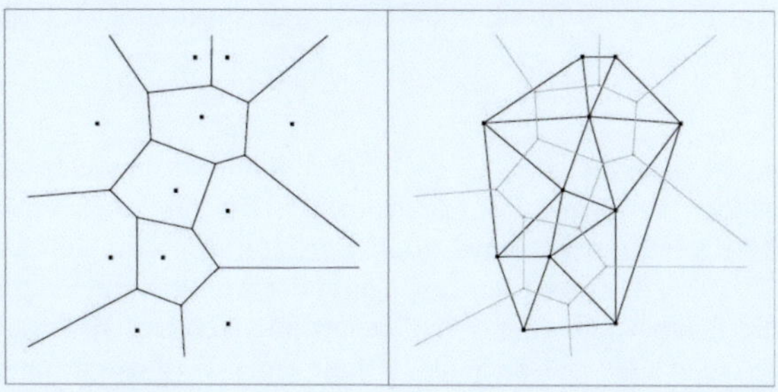

Abbildung 3.3 Links: Voronoi-Diagramm; Rechts: Delaunay-Triangulation

Der Algorithmus nach VORONOI unterteilt zunächst auf Basis eines 2D–Punktesets **P** den Raum $\mathbb{R}^2$ mittels einer Abstandsfunktion δ in Voronoi-Zellen $vor(p)$. Abbildung 3.3 links zeigt die berechneten Voronoi-Zellen auf Basis eines Punktesets **P**. Innerhalb dieser Voronoi-Zellen sind alle Punkte b des Raums $\mathbb{R}^2$ näher am Zentrum der Zelle p als an einem anderem Zentrum q. Nach [11] basiert der Algorithmus zur Ermittelung der Voronoi-Zellen auf

$$vor(p) = \{b \epsilon R^2 | \delta(b,p) < \delta(b,q) \ \forall \ q \epsilon P - p\}. \tag{3.6}$$

Die Delaunay-Triangulation verbindet nun die Mittelpunkte der Voronoi-Zellen $vor(p)$ unter der Randbedingung, dass die Voronoi-Zellen eine identische Grenze haben. Zusätzlich gilt die Bedingung, dass die erzeugten Kreise einen maximal möglichen Durchmesser haben. Abbildung 3.3 rechts zeigt die triangulierten Voronoi-Mittelpunkte. Nach dem Algorithmus von DELAUNAY befindet sich damit kein Punkt des Punktesets **P** innerhalb des Umkreises der generierten Dreiecke. Die Anwendung am Beispiel einer Verdichterschaufel zeigt Abbildung 3.4. Auf der linken Abbildung ist der Vorderkantenbereich mit den verbundenen Profilstützpunkten (schwarz) dargestellt. Die Delaunay-Dreiecke sind grau und die Mittelpunkte der Umkreise, die erzeugten Voronoi-Punkte, sind als Punkte visualisiert. Im Zusammenhang mit Turbomaschinenschaufeln wird von einer Skelettlinie anstatt einer Profilmittellinie gesprochen. Dieser Begriff soll auch in dieser Arbeit ab sofort verwendet werden.

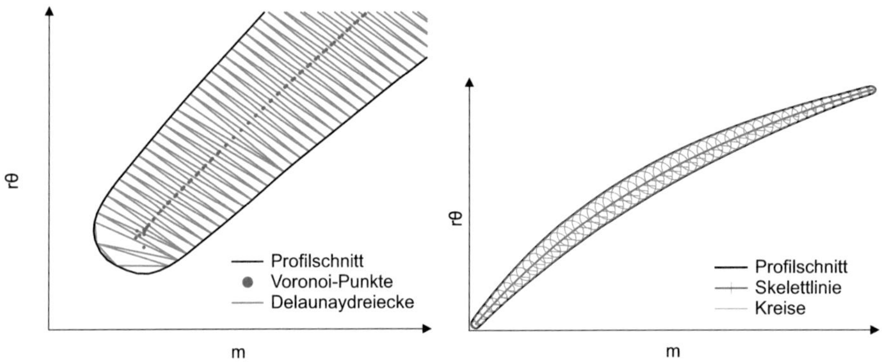

Abbildung 3.4 Anwendung des Voronoi-Diagramms und der Delaunay-Triangulation am Beispiel einer Verdichterschaufel. Links: Vorderkante mit Delaunay-Dreiecken und Voronoi-Punkten. Rechts: Verdichterschaufelprofil mit approximierter Skelettlinie und den Umfangskreisen der Dreiecke

Die mit diesem Algorithmus erzeugten Dreiecke, und damit verbunden die Kreismittelpunkte, bilden bei hinreichender Auflösung die exakte Skelettlinie, die auch mittels der klassischen Rollradienmethode ermittelt werden kann, ab. In der Literatur wird eine Auflösung von 50 μm empfohlen, FU et al. [29]. Unter der Randbedingung der Auflösung erzeugt dieser Algorithmus damit eine der Rollradienmethode identische Skelettlinie, arbeitet aber deutlich zuverlässiger. Abbildung 3.4 rechts zeigt die ermittelte Skelettlinie eines Verdichterschaufelprofils (schwarz) mit den entsprechenden Umfangskreisen (grau) der Delaunay-Dreiecke.
Die Ermittelung der Skelettlinie auf Basis der Methode nach DELAUNAY und VORONOI erfolgt bis in den Vorderkanten- und Hinterkantenbereich der Profilschnitte. Die Berechnung der

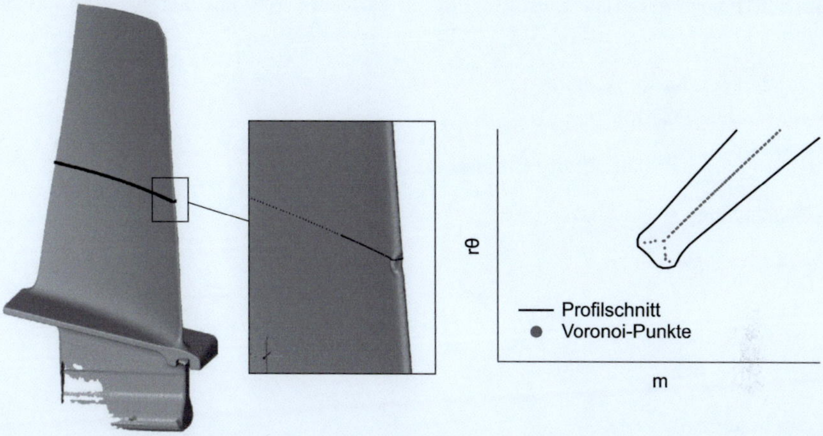

Abbildung 3.5 Links: Schaufel (grau) mit extrahiertem Profilschnitt (schwarz); Mitte: Detaillierte Ansicht zu links; Rechts: Vorderkante eines extrahierten Profilschnitts (schwarz) mit den ermittelten Voronoi-Punkten

Radien und Mittelpunkte dieser Kreise ist jedoch mit einem numerischen Rauschen verbunden. Gründe hierfür können Messungenauigkeiten sowie Fertigungsabweichungen vom nominalen Design sein. In Abbildung 3.4 links wird das Rauschen durch die Punkteanhäufung in der Vorderkante deutlich. Erfolgt die Schnittextrahierung im Bereich einer z.B. durch einen Einschlag verformten Vorderkante, so führt dies zu einer Teilung der Skelettlinie in die Ecken der verformten Vorderkante. In Abbildung 3.5 links ist ein extrahierte Schnitt (schwarz) sowie das dazugehörige STL-Netz (grau) mit einem Einschlag an der Vorderkante zu sehen. Abbildung 3.5 mitte zeigt dazu detailliert den Einschlag. Rechts ist die verformte Vorderkante mit den Voronoi-Punkten dargestellt. Dieses Rauschen an Vorder- und Hinterkante wirkt sich wiederum auf die Streuung aller Parameter aus. Deshalb erfolgt die Parametrisierung der Profilschnitte auf Basis eines Durchstoßpunktes an Vorderkante und Hinterkante. Diese Durchstoßpunkte werden durch die Berechnung der Schnittpunkte zwischen der extrapolierten Skelettlinie und dem Profil ermittelt.

Die Extrapolation der Skelettlinie in Vorderkante und Hinterkante erfolgt auf Basis der ermittelten Skelettlinienstützpunkte mittels eines quadratischen Polynoms

$$r\theta = a_0 + a_1 m + a_2 m^2. \tag{3.7}$$

Analog wird zur Ermittelung des Schnittpunktes das Profil im Bereich der Vorderkante bzw. Hinterkante ebenfalls mittels eines quadratischen Polynoms approximiert. Die Koordinaten der Schnittpunkte an

- Vorderkante $r\theta_{jVK}, m_{jVK}$ bzw.
- Hinterkante $r\theta_{jHK}, m_{jHK}$

im meridionalen Koordinatensystem werden durch Lösen der quadratische Polynome berechnet. Der Schnittpunkt an der Vorderkante charakterisiert gleichzeitig die Positionierung der

Profilschnitte nach der Rücktransformation im kartesischen Koordinatensystem mit den Parametern

- axiale Position ax_{jpos} und
- tangentiale Position tan_{jpos}.

Die weitere Parametrisierung des Profilschnittes erfolgt mit der

- Sehnenlänge c_j

und wird berechnet mit

$$c_j = \sqrt{(r\theta_{jHK} - r\theta_{jVK})^2 + (m_{jHK} - m_{jVK})^2}. \tag{3.8}$$

Der

- Staffelungswinkel γ_j

ist definiert mit

$$\gamma_j = \frac{\pi}{2} + arctan\left(\frac{r\theta_{jHK} - r\theta_{jVK}}{m_{jHK} - m_{jVK}}\right). \tag{3.9}$$

Sind Skelettlinie und Sehne sowie die Radien der Profilkreise bekannt, so können die normierten Dicken- und Wölbungsverteilungen für jeden Profilschnitt abgeleitet werden. An beiden

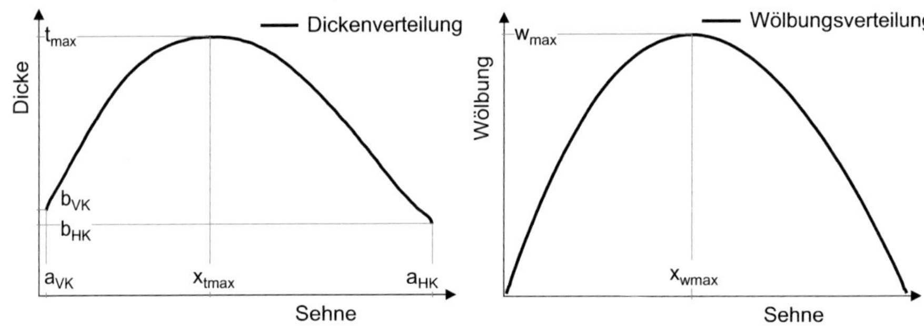

Abbildung 3.6 Parameter der Dicken- und Wölbungsverteilung eines Profilschnitts

Verteilungen werden weitere Parameter zur Charakterisierung der Profilschnitte ermittelt. Die Parameter

- maximale Dicke t_{jmax} und
- Dickenrücklage x_{jt}

werden durch Approximation der Dickenverteilungsstützpunkte im Bereich $[x_t - 7.5\%; x_t + 7.5\%]$ mit einem quadratischen Polynom berechnet. Durch Ableiten des quadratischen Polynoms nach x und Nullsetzen kann die Dickenrücklage berechnet werden. Durch Einsetzen der Dickenrücklage in das quadratische Polynom wird die maximale Dicke ermittelt.
Aus der Wölbungsverteilung wird analog zur maximalen Dicke der Dickenverteilung,

– die maximale Wölbung w_{jmax} und

– Wölbungsrücklage x_{jw} ermittelt

durch Approximation eines quadratischen Polynoms im Bereich der maximalen Wölbung ermittelt. Abbildung 3.6 stellt die aufgelisteten Parameter für Dicken- und Wölbungsverteilung dar.

Weiterhin werden die Mittelpunkte der Ellipsen $r\theta_{jE}, m_{jE}$ an Vorderkante und Hinterkante aus der Dickenverteilung abgeleitet. Dazu wird anhand der Stützpunkte der Anstieg der Dickenverteilung

$$m_{jVK,HK} = \left| \frac{dt_{jVK,HK}}{dc_{jVK,HK}} \right| \tag{3.10}$$

berechnet. Der Grenzwert von $m_{VK,HK} < 0.5$ definiert den Beginn der Vorder- bzw. Hinterkante. An dieser Position der Dickenverteilung sind die Parameter der große Halbachse a und der kleinen Halbachse b der Ellipsen mit

– Position der Vorderkante a_{jVK} und

– Vorderkantendicke b_{jVK} sowie

– Position der Hinterkante a_{jHK} und

– Hinterkantendicke b_{jHK}

definiert.

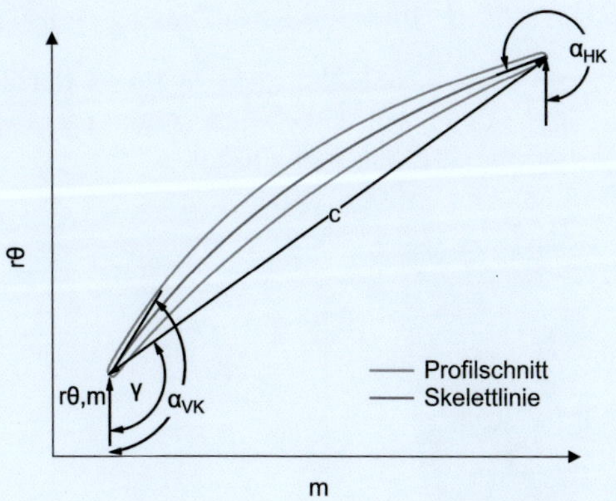

Abbildung 3.7 Profilschnittparameter

Weiterhin wird mittels Ellipsenmittelpunkt und Durchstoßpunkt an Vorderkante und Hinterkante der

– Vorderkantenwinkel α_{jVK} sowie

– der Hinterkantenwinkel α_{jHK}

ermittelt.

$$\alpha_{jVK} = \frac{\pi}{2} + arctan\left(\frac{r\theta_{jE-VK} - r\theta_{jVK}}{m_{jE-VK} - m_{jVK}}\right)$$
bzw.
$$\alpha_{jHK} = \frac{\pi}{2} + arctan\left(\frac{r\theta_{jE-HK} - r\theta_{jHK}}{m_{jE-HK} - m_{jHK}}\right). \quad (3.11)$$

In Abbildung 3.7 sind die genannten Profilparameter und deren Definition grafisch dargestellt.

3.3 Parametrisierung des Fillets zwischen Schaufelblatt und Plattform

Ein weiterer wichtiger Bestandteil der Parametrisierung ist die Filletgeometrie am Übergang zwischen Schaufelblatt und Plattform. Die Parametrisierung erfolgt diskret an unterschiedlichen Positionen mit äquidistanten Abstand entlang des Fillets ausgehend von der Vorderkante entlang der Saugseite zur Hinterkante und zurück zur Vorderkante entlang der Druckseite. Dazu wird zunächst ein Profilschnitt j_F bei 4% Schaufelblatthöhe aus dem STL-Netz extrahiert. Mit den in Abschnitt 3.2 vorgestellten Algorithmus zur Skelettlinienermittelung werden anschließend die Skelettlinie sowie die Dickenverteilung dieses Profilschnittes ermittelt.
Die Extrahierung der ebenen Schnitte aus dem STL-Netz zur Filletparametrisierung erfolgt nach einer zweistufigen positionsbezogenen Rotation der STL-Daten im Raum. Durch diese Rotation wird eine Ausrichtung des STL-Netzes

- zur Stromfläche sowie
- normal zur Filletoberfläche auf Basis des Kreisvektors zwischen Skelettlinie und Profil

erreicht. Als Rotationspunkt dient jeweils der diskrete Punkt auf dem Profilschnitt j_F an dem der Fillet parametrisiert werden soll. Durch diese positionsbezogenene Ausrichtung des STL-Netzes wird eine Verzerrung des Fillets vermieden.

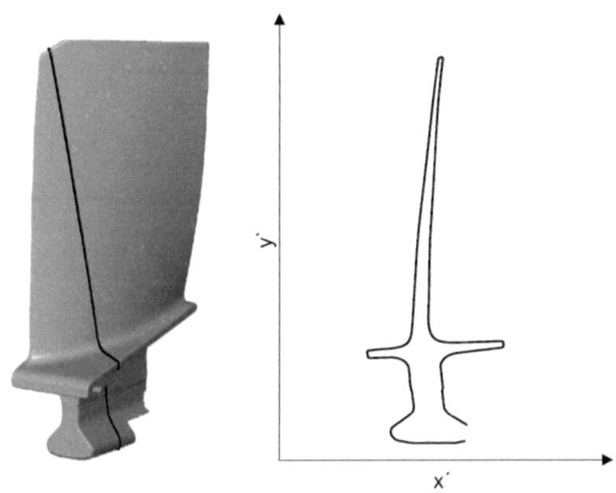

Abbildung 3.8 Links: STL-Netz (grau) und extrahierter Schnitt zur Filletparametrisierung; Rechts: Extrahierter Profilschnitt nach der zweistufigen positionsbezogenen Rotation

In Abbildung 3.8 sind die Ergebnisse der STL-Schnittextrahierung zur Filletparametrisierung am Beispiel der Saugseite dargestellt. Abbildung 3.8 links zeigt den extrahierten Profilschnitt (schwarz) aus dem STL-Netz (grau). In Abbildung 3.8 rechts ist der Profilschnitt im zweidimensionalen Schnittkoordinatensystem x', y' nach der zweistufigen positionsbezogenen Rotation dargestellt.

Zur Parametrisierung werden nun in dem zu untersuchenden Bereich die diskreten Punkte des Fillets in dem Vektor P_F gespeichert.

In Abbildung 3.9 links sind diese Punkte rot dargestellt. Diese Punkte werden zur Parametrisierung in das Koordinatensystem u', v' transformiert und es erfolgt eine schrittweise Approximation dieser Punkte mit einem quadratischen Polynom $f(u')$ und die Berechnung der Krümmung κ mittels Gleichung 3.12.

$$\kappa = \frac{f''(u')}{(1+f'(u')^2)^{3/2}} = \frac{2a_2}{(1+(2a_2u'+a_1)^2)^{3/2}} \tag{3.12}$$

Abbildung 3.9 rechts zeigt rot dargestellt die Stützpunkte des Filletbereichs sowie grau den dazugehörigen Krümmungsverlauf.

Die Approximation des Fillets mit einem Kreis erfolgt mittels drei Stützpunkten $\mathbf{P}_{R_F}$. Zur Berechnung dieser Punkte wird ein Grenzwert κ_{Limit} auf Basis des nominalen Designfillets R_{F_ND} eingeführt, der nach Gleichung 3.13 berechnet wird.

$$\kappa_{Limit} = \frac{0.6}{R_{F\_ND}} \tag{3.13}$$

Mit diesem Grenzwert können aus dem Krümmungsverlauf (Abbildung 3.9 rechts) die Stützpunkte am Anfang und am Ende des Fillets abgeleitet werden. Ein weiterer Stützpunkt wird in der Mitte des Fillets definiert.

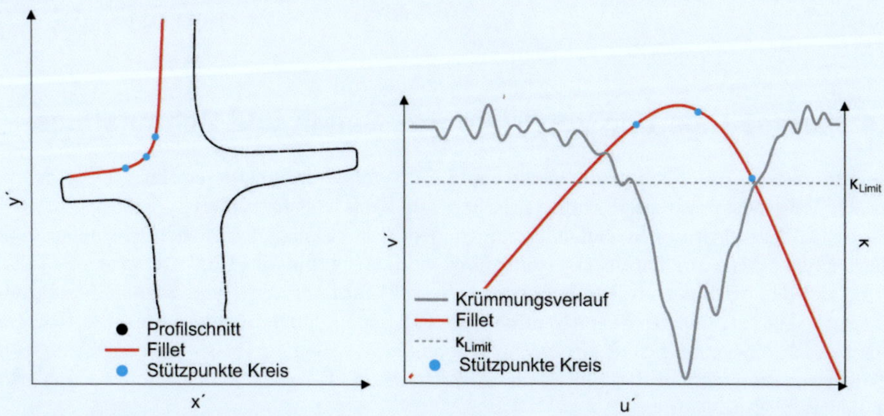

Abbildung 3.9 Links: Extrahierter Schnitt aus dem STL-Netz (schwarz) mit den für die Filletparametrisierung verwendeten Stützpunkten (rot) sowie den ermittelten Stützpunkten zur Kreisapproximation (blau); Rechts: Stützpunkte des Fillets (rot) mit dem Krümmungsverlauf (grau) und den ermittelten Stützpunkten zur Kreisapproximation (blau)

In den Abbildungen 3.9 links und rechts sind die ermittelten Stützpunkte zur Berechnung des Filletradius blau dargestellt. Die Berechnung des Radius erfolgt nun auf Basis der Kreisgleichung

$$R^2 = (x' - x'_m)^2 + (y' - y'_m)^2 \tag{3.14}$$

mit den ermittelten Stützpunkten und den drei unbekannten Größen Kreisradius R sowie den Kreismittelpunktkoordinaten x'_m und y'_m. Die Lösung des Gleichungssystems erfolgt durch Auflösen der quadratischen Terme aus Gleichung 3.14. Abbildung 3.10 zeigt die Ergebnisse der Filletberechnung. Es ist das STL-Netz (grau) einer zu parametrisierenden Schaufel mit den Anfangs- und Endpunkten des Fillets (blau) dargestellt. Insgesamt wird der Radius an 40 Positionen entlang des gesamten Fillets ermittelt.

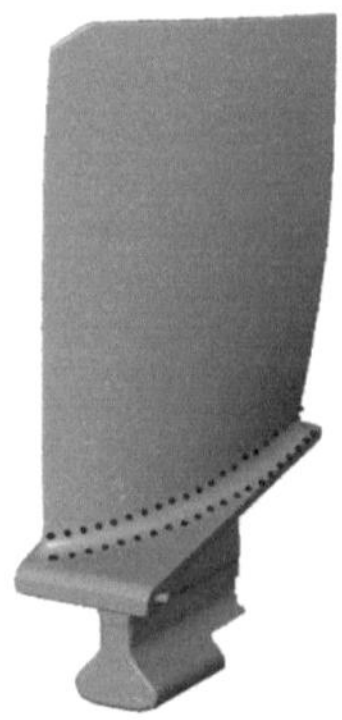

Abbildung 3.10 Die ermittelten Start- und Endpunkte des Fillets (blau) auf Basis des STL-Netzes (grau)

3.4 Parametrisierung von Plattform, Schaft und Schaufelfuss

Die Ermittelung der Plattform-, Schaft- und Schaufelfussparameter erfolgt analog der bisherigen Vorgehensweise zur Parametrisierung auf Basis von extrahierten Profilschnitten an unterschiedlichen Positionen. Neben einzelnen Positionsmerkmalen werden auch Radien an den Flächenübergängen zur Parametrisierung eingesetzt. Abbildung 3.11 links zeigt ein STL-Netz (grau) mit den extrahierten Profilschnitten (schwarz) für die Schaft- und Schaufelfussparametrisierung. Die extrahierten Schnitte müssen im Fall der Radienparametrisierung am Übergang zwischen Plattform und Schaft normal zur Kurvenfläche verlaufen. Daher wird zur Ermittelung des Kurvenparameter an der Plattformunterseite das STL-Netz vor der Schnittextrahierung um den Winkel β_P gedreht.

$$\beta_P = arctan\left(\frac{dz}{dx}\right) \tag{3.15}$$

Abbildung 3.11 mitte zeigt die Definition des Rotationswinkels β_P der sich am Verlauf der Plattformunterseite orientiert. In Abbildung 3.11 rechts sind die extrahierten Schnitte für den Übergang zwischen Plattform und Schaft an der Plattformunterseite dargestellt.

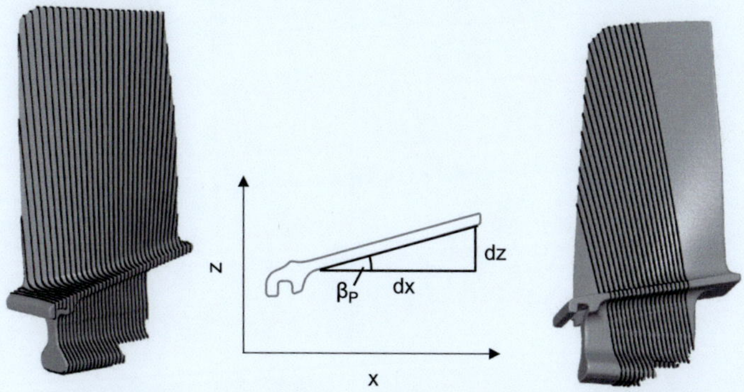

Abbildung 3.11 Extrahierte Profilschnitte aus dem STL-Netz zur Plattform-, Schaft- und Schaufelfussparametrisierung; Links: Profilschnitte normal zum Schaft; Mitte: Definition der Rotationswinkels β_P; Rechts: Profilschnitte zur Ermittelung des Radius an der Plattformunterseite

Die Ermittelung der Plattform-, Schaft-, und Schaufelfussparameter soll stellvertretend für alle Positionsparameter am Beispiel der Breite der Plattform an der Saugseite b_{Pl} erläutert werden, Abbildung 3.12.
Dazu werden zunächst alle Stützpunkte $\mathbf{P}_P(y,z)$ des Profilschnittes mit

$$\mathbf{P}_{P'}(y,z) = \mathbf{P}_P(y) < P_P(y_{min}) + 0.2mm \tag{3.16}$$

in dem Vektor $\mathbf{P}_{P'}(y,z)$ abgelegt. In Abbildung 3.12 links sind die gefilterten Punkte blau dargestellt. Anschließend erfolgt eine zweite Filterung der Daten mit

$$\mathbf{P}_{P'}(z_{min}) + 0.3mm < \mathbf{P}_{P'}(z) < \mathbf{P}_{P'}(z_{max}) - 0.3mm. \tag{3.17}$$

Dadurch werden die Punkte in den Kurvenbereichen am Übergang zu Plattformober- bzw. -unterseite nicht weiter berücksichtigt. In Abbildung 3.12 links sind diese Punkte rot dargestellt. Auf Basis dieser Punkte wird das arithmetische Mittel

$$b_{Pl} = \frac{1}{n}\sum_{i=1}^{n} P_{P'_i}(y) \tag{3.18}$$

berechnet. Dieser Mittelwert bildet schließlich den Parameter b_{Pl} ab.
An den extrahierten Schnitten parallel zur y-z Ebene (Abbildung 3.11 links) werden die folgenden Parameter an linker (Saugseite) und rechter (Druckseite) Schaufelseite ermittelt:

- Plattformbreite b_{Pl} und b_{Pr},
- Plattformposition p_{Pl} und p_{Pr},
- Plattformdicke d_{Pl} und d_{Pr},
- Schaftposition oben p_{Sl1} und p_{Sr1},

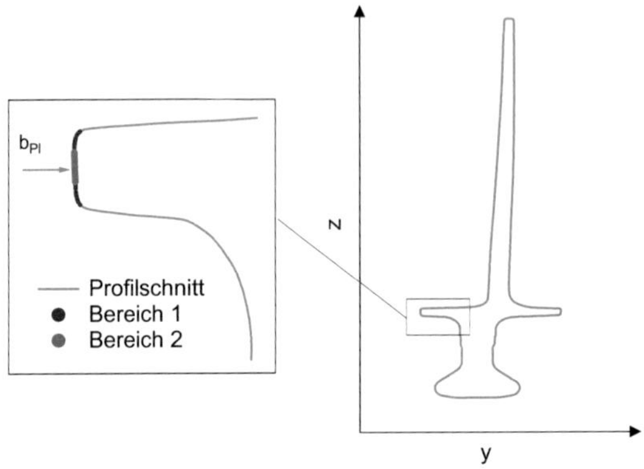

Abbildung 3.12 Links: Detaillierte Darstellung der zur Parametrisierung verwendeten Methodik; Rechts: Extrahierter Schnitt zur Bestimmung der Plattformbreite

- Schaftposition unten p_{Sl2} und p_{Sr2},
- Radien R_3 und R_4 am Übergang Plattform zu Schaft hinter der Stirnfläche sowie
- Radien R_5 und R_6 am Übergang Schaft zu Fuß.

Nach Rotieren des STL-Netzes um den Winkel β_P werden in der y-z Ebene (Abbildung 3.11 rechts) außerdem die

- Radien R_1 und R_2 am Übergang Plattform zu Schaft

ermittelt. Zur näheren Erläuterung der Parameter sei auf die Abbildungen 3.13 und 3.14 rechts verwiesen.

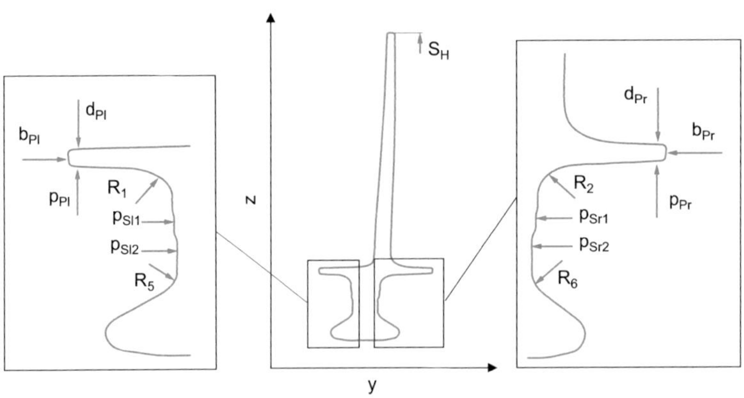

Abbildung 3.13 Definition der geometrischen Parameter an Plattform, Schaft und Schaufelfuss I

An den extrahierten Schnitten parallel zur x-z Ebene (obere Abbildung 3.14 links und mitte) werden die Parameter

- Schaufelhöhe S_h,
- Plattformlänge l_{Pv} und l_{Ph},
- Schaftlänge S_l,
- Radius R_7 und R_8 an der Plattform an den äußeren Schnitten sowie
- Radius R_9 am Übergang Plattform zu Schaft.

berechnet. Die unteren Abbildungen 3.14 links und mitte zeigen die Parameter an den Profilschnitten. Die verbleibenden Radienparameter an den Flächenübergängen zwischen Plattform und Schaft bzw. Schaft und Schaufelfuss werden analog der in Abschnitt 3.3 vorgestellten Methodik berechnet.

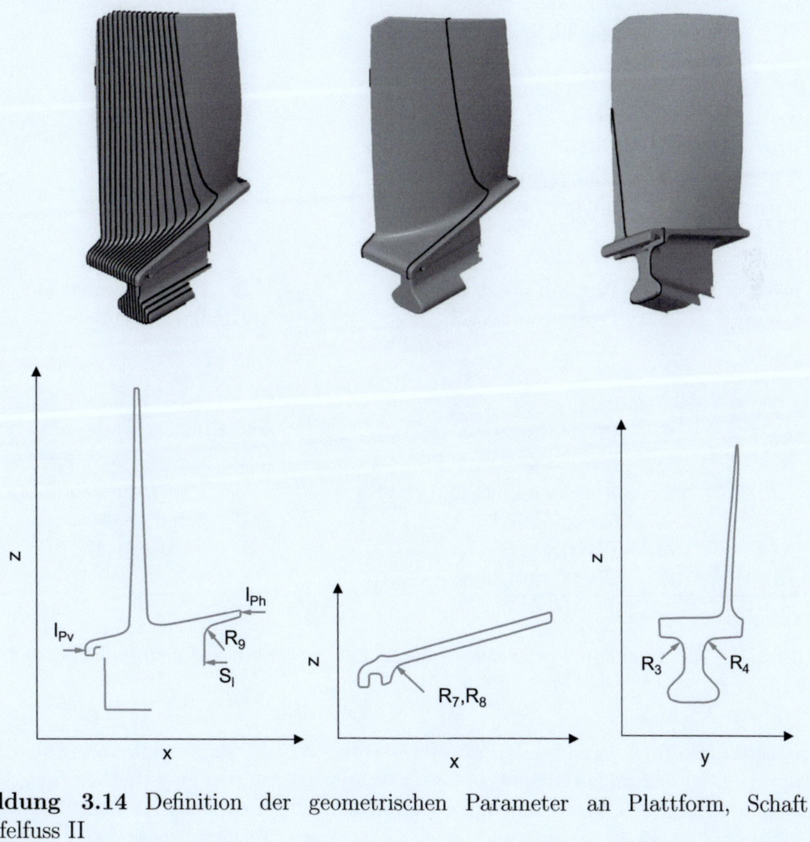

Abbildung 3.14 Definition der geometrischen Parameter an Plattform, Schaft und Schaufelfuss II

3.5 Zusammenfassung der geometrischen Parameter

In Tabelle 3.1 sind die 38 zur Erfassung der Geometrie verwendeten Parameter zusammengefasst. Die Parameter 1-15 sind Schaufelblattparameter, 16-23 Plattformparameter, 24-28 Schaftparameter und 29-38 sind die Parameter zur Beschreibung der Flächenübergänge mittels Radien.

Symbol	Index	Parameter P_j			
Schaufelblatt					
ax_{pos}	1	axiale Position	tan_{pos}	2	tangentiale Position
c	3	Sehnenlänge	γ	4	Staffelungswinkel
α_{LE}	5	Vorderkantenwinkel	α_{TE}	6	Hinterkantenwinkel
t_{max}	7	maximale Dicke	x_t	8	Dickenrücklage
w_{max}	9	maximale Wölbung	x_w	10	Wölbungsrücklage
a_{VK}	11	Vorderkantenposition	b_{VK}	12	Vorderkantendicke
a_{HK}	13	Hinterkantenposition	b_{HK}	14	Hinterkantendicke
S_h	15	Schaufelhöhe			
Plattform					
b_{Pl}	16	Breite SS	b_{Pr}	17	Breite DS
d_{Pl}	18	Dicke SS	p_{Pl}	19	Position SS
d_{Pr}	20	Dicke DS	p_{Pr}	21	Position DS
l_{Pv}	22	Länge vorne	l_{Ph}	23	Länge hinten
Schaft					
p_{Sl2}	24	Position unten SS	p_{Sr2}	25	Position unten DS
p_{Sl1}	26	Position oben SS	p_{Sr1}	27	Position oben DS
S_l	28	Schaftlänge			
Radien					
R_{Fillet}	29	Fillet			
R_1	30	Plattform-Schaft SS	R_2	31	Plattform-Schaft DS
R_3	32	Plattform-Schaft vorne SS	R_4	33	Plattform-Schaft vorne DS
R_5	34	Schaft-Fuß SS	R_6	35	Schaft-Fuß DS
R_7	36	Plattform SS	R_8	37	Plattform DS
R_9	38	Plattform-Schaft hinten			

Tabelle 3.1 Zusammenfassung der verwendeten Parameter zur Erfassung der geometrischen Variabilität

Die in diesem Kapitel vorgestellte Parametrisierung basiert auf zweidimensionalen Profilschnitten. Um die dreidimensionale Geometrie zu erfassen, ist es erforderlich die vorgestellten Parameter auf mehreren Profilschnitten zu ermitteln. Die Anzahl der Profilschnitte variiert dabei in Abhängigkeit der zu untersuchenden Geometrie. Tabelle 3.2 zeigt eine Übersicht zur Anzahl der in dieser Arbeit verwendeten Parameter. Insgesamt wurden 676 Parametern pro Schaufel für die dreidimensionale Parametrisierung verwendet.

Bereich	Anzahl Profilschnitte	Parameter je Schnitt	Gesamtanzahl Parameter
Schaufelblatt	18	14	252
Fillet	40	1	40
Plattformbreite	38	6	228
Plattformlaenge	16	2	32
Schaftbreite	11	4	44
Schaftlaenge	3	1	3
Schaufelhöhe	16	1	16
Radien R_7,R_8	8	2	16
Radien R_9	3	1	3
Radien R_{10},R_{11}	19	2	38
Radien R_{12},R_{13}	1	2	2
Radien R_{16},R_{17}	1	2	2
Summe			676

Tabelle 3.2 Parameteranzahl

3.6 Kritische Betrachtung des parametrische Modells

Das numerische Modell zur Parametrisierung basiert im Wesentlichen auf den Messdaten und damit verbunden kann eine zuverlässige Parametrisierung nur mit fehlerfreien und hochwertigen Messdaten erfolgen. Partielle Unstimmigkeiten in der Geometrie, die auch durch Fertigungsabweichungen, Einschläge, Abnutzungserscheinungen oder Ablagerungen hervorgerufen werden, können mit dem numerischen Modell nicht bzw. nur eingeschränkt abgebildet werden. Dem Leser soll anhand dieses Abschnitts eine bessere Einschätzung der Ergebnisse zur Bewertung der Geometrie, der statistischen Auswertung im nächsten Abschnitt sowie der Validierung der Methode in Kapitel 6 gegeben werden.

Wellige Schaufeloberfläche

Die extrahierten Profilschnitte im Schaufelblatt weisen teilweise Wellen auf Druck und Saugseite auf, was sich wiederum auf den Verlauf der Skelettlinie sowie die daraus abgeleitete Dicken- und Wölbungsverteilung auswirkt.
In Abbildung 3.15 links ist der Verlauf der Wölbungsverteilung im Bereich der maximalen Wölbung dargestellt. Abbildung 3.15 rechts zeigt analog den Verlauf der Dickenverteilung im Bereich der maximalen Dicke.
Die Parametrisierung der beiden Bereiche erfolgt durch Approximation der Stützpunkte durch ein quadratisches Polynom. Dies hat den Vorteil, dass die Welligkeit verringert und die diskrete Unterteilung der Verteilungen durch eine stetige Funktion abgebildet wird. Der Nachteil ist, dass es zu Abweichungen zwischen den maximalen Werten der diskreten Verteilung und der approximierten Funktion kommen kann. Trotzdem hat sich die Approximation als robustere Variante mit einer Verringerung des numerischen Rauschens herausgestellt.
Weiterhin wirkt sich die Welligkeit auf die Parametrisierung der Vorder- und Hinterkantenbereiche sowie die Durchstoßpunkte zwischen Skelettlinie und Profil aus. In Abbildung 3.16 ist der Hinterkantenbereich eines Profilschnittes sowie die Skeletttlinie (links) bzw. detailliert die

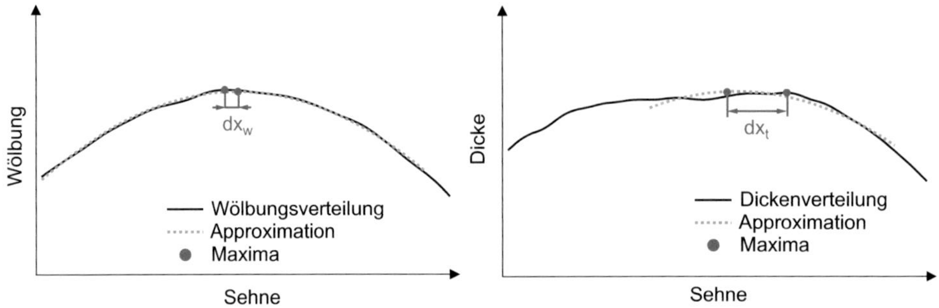

Abbildung 3.15 Einfluss von Wellen im Schaufelblatt auf der Druck- und Saugseite auf die Wölbungsverteilung (links) und die Dickenverteilung (rechts)

zur Extrapolation verwendeten Skelettlinienstützpunkte (rechts) dargestellt. Auch im Bereich der Hinterkante ist der wellige Verlauf des Profils auf der Saugseite sowie die Auswirkung auf die Skelettlinie deutlich zu erkennen.

Für die Extrapolation der Skelettlinie in den Bereich der Hinterkante wird auf die Skelettlinienstützpunkte in der Hinterkante zurückgegriffen. Deren Verlauf bestimmt schließlich den Verlauf des quadratischen Polynoms und somit den Schnittpunkt zwischen Skelettlinie und Profil. Die Ausprägung der Welligkeit der Profilschnittgeometrie wird damit in den Profilparametern zu erkennen sein.

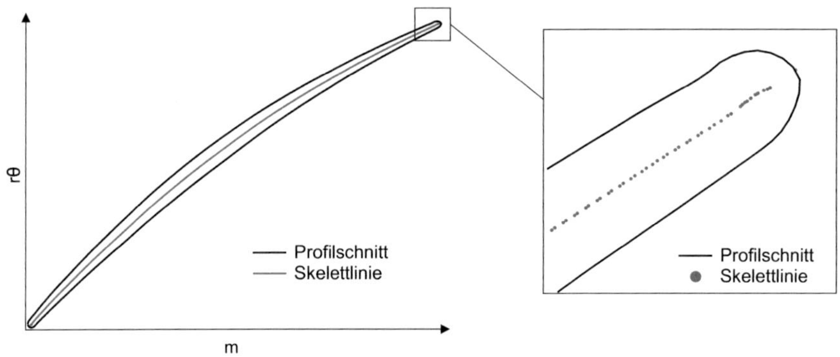

Abbildung 3.16 Wellige Schaufeloberfläche und deren Einfluss auf die extrapolierte Skelettlinie im Hinterkantenbereich

Approximation von Schaufelvorderkante und -hinterkante mittels Ellipse

Die Methode zur Parametrisierung der Vorderkante und Hinterkante mittels einer Ellipse funktioniert zuverlässig, bildet jedoch den realen Profilverlauf nicht exakt ab. Die Überprüfung der Methode hat gezeigt, dass die Profilenden einen unterschiedlichen Verlauf auf Saugseite und Druckseite aufweisen. Abbildung 3.17 verdeutlicht das Problem. Der Ellipsenmittelpunkt (grauer Punkt) liegt auf der Skelettlinie (rot), die von dem Profil (schwarz) abgeleitet wurde. Die berechnete Ellipse orientiert sich in ihrer Lage und ihren Abmaßen an der extrapolierten Skelettlinie. Damit kommt es zu Abweichungen zwischen Ellipse und realem Profil. Die Alternative zur angewendeten Methode wäre eine Verlängerung der Skelettlinie auf Basis der Profilpunkte in den Profilbereich hinein. Dieser Ansatz ist mit höherem numerischen Aufwand verbunden, da weitere Parameter hinzugeführt und zusätzliche Randbedingungen aufgesetzt werden müssen. Trotz der Abweichung zwischen Ellipse und Profil hat sich hier gezeigt, dass durch die angewendete Methode zur Parametrisierung eine Erhöhung der Zuverlässigkeit verbunden mit einer Verringerung des numerischen Rauschens erreicht werden konnte.

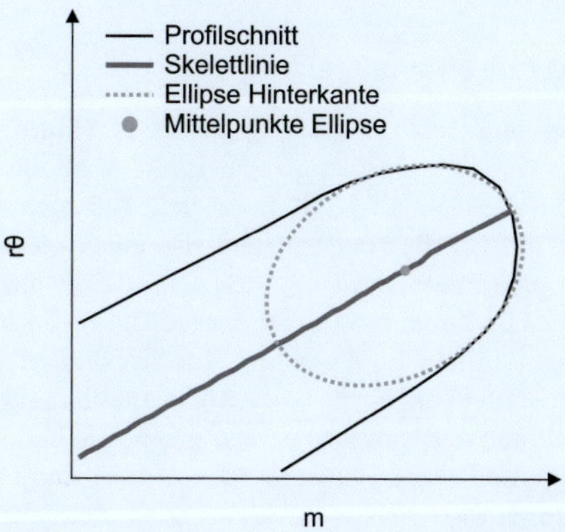

Abbildung 3.17 Parametrisierung der Profilhinterkante mittels Ellipse

Geometrische Effekte in der Dickenverteilung

Die Parametrisierung der Dickenverteilung erfolgt mit den Parametern maximale Dicke, Vorderkantendicke und Hinterkantendicke an den entsprechenden Stützpunkten der Dickenverteilung. Zusätzlich werden Wichtungsfunktionen angesetzt, mit denen die geometrischen Differenzen zwischen den Stützpunkten in der Dickenverteilung beschrieben werden. Es kann jedoch vorkommen, dass die durch die Stützpunkte und Wichtungsfunktionen definierte Charakteristik der Dickenverteilung nicht ausreicht, um alle geometrischen Effekte zu erfassen. Abbildung 3.18 zeigt die Dickenverteilung an 2 ausgewählten Schaufeln 252 und 384.
Im Bereich von der Vorderkante bis zur maximalen Dicke ist die Differenz zwischen beiden Dickenverteilungen konstant. Im Bereich von der maximalen Dicke bis zur Hinterkante gibt es jedoch Unterschiede in der Dickendifferenz. Dieser geometrische Effekt an Schaufel 252 kann mit den innerhalb der Arbeit verwendeten Parametern nicht berücksichtigt werden.

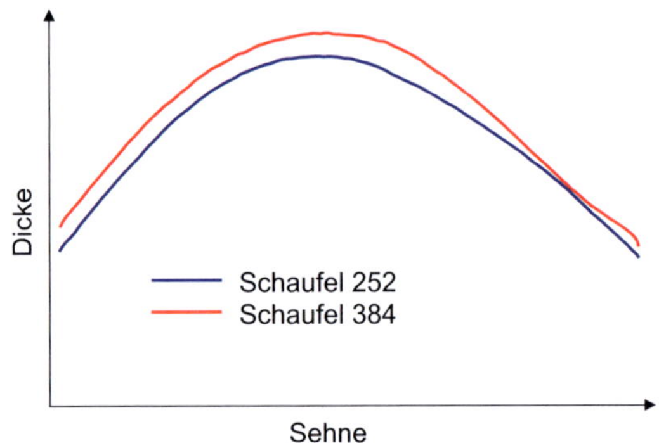

Abbildung 3.18 Unterschied in der Dickenverteilung an zwei ausgewählten Schaufeln im Hinterkantenbereich

Filletparametrisierung mit einem Kreis

Sobald der reale Fillet keinen Kreis darstellt, kann der gewählte Ansatz zur Filletparametrisierung mit einem Kreis die Charakteristik nicht exakt abbilden. Abbildung 3.19 zeigt die Problematik am Beispiel der Schaufel 41. Rein visuell läßt sich schon erkennen, dass der Fillet keinem Kreis mehr entspricht, sondern dass die Form entweder mittels einer Ellipse oder mit zwei Kreisen approximiert werden muss. Diese Erkenntnis untermauert auch der Krümmungsverlauf, der jeweils durch zwei lokal ausgeprägte Minima gekennzeichnet ist. Die statistische Auswertung des Fillets in Abschnitt 4.2 zeigt, dass die Filletgeometrie dieser digitalisierten Verdichterschaufeln in Form und Größe unabhängig voneinander und zufällig variiert. Zur exakten Abbildung der komplexen Filletgeometrie bedarf es deshalb mehrerer Parameter. Eine Variante wären z.B. zwei Parameter für Anfang und Ende des Fillets sowie sechs weitere Formparameter, durch die der Kurvenverlauf des Fillets auf Saugseite und Druckseite erfasst wird. Die Filletparametrisierung wurde innerhalb der Arbeit mit 1 Parameter numerisch umgesetzt.

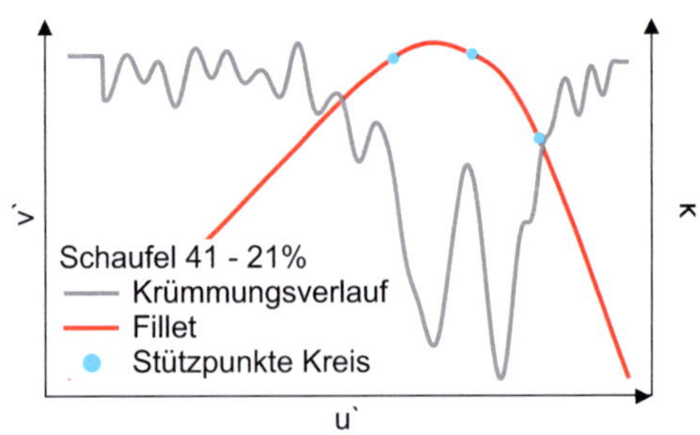

Abbildung 3.19 Stützpunkte zur Ermittelung des Kreisdurchmessers (blau) mit dem Schnittverlauf (rot) und Krümmungsverlauf (grau) der Schaufel 41

4 Bewertung der Geometrie

Durch die geometrische Parametrisierung der Verdichterschaufeln werden eine Vielzahl von Parametern generiert, deren Verständlichkeit und Übersichtlichkeit gewährleistet sein muss. Dazu wird in Abschnitt 4.1 der charakteristische Parameterverlauf entlang eines Richtungsvektors eingeführt. Dieser ermöglicht eine visuelle Einschätzung gleicher Parameter an unterschiedlichen Positionen der Geometrie (z.B. maximale Dicke des Schaufelblatts). In Abschnitt 4.2 wird mit Hilfe des charakteristischen Parameterverlaufs an ausgewählten geometrischen Merkmalen eine visuelle Überprüfung der Daten auf Plausibilität durchgeführt. Anschließend wird in Abschnitt 4.3 überprüft, ob anhand der Parameterverläufe Abnutzungserscheinungen zwischen den Schaufeln der unterschiedlichen Triebwerke deutlich werden. In Abschnitt 4.4 wird auf die Reduktion der Parameteranzahl eingegangen, anschließend wird in den Abschnitten 4.5 und 4.6 die Vorgehensweise zur statistischen Auswertung der Daten vorgestellt.

4.1 Charakteristische Parameterverlauf

Abbildung 4.1 zeigt die Erzeugung der im Parameterverlauf dargestellten Daten am Beispiel der maximalen Dicke des Schaufelblatts mit drei Profilschnitten. Zunächst werden aus den STL-Daten Profilschitte im Schaufelblatt bei 20%, 50% und 80% Schaufelblatthöhe extrahiert.

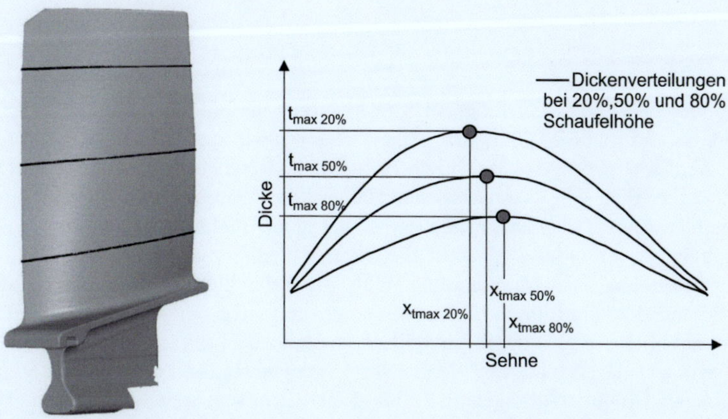

Abbildung 4.1 Links: STL-Netz (grau) mit den extrahierten Profilschnitten (schwarz); Rechts: Die Dickenverteilungen (schwarz) der Profilschnitte mit den Parametern "maximale Dicke" und "Dickenrücklage"

Die Profilschnitte (schwarz) sind links in der Abbildung 4.1 zusammen mit dem STL-Netz (grau) dargestellt. Auf diesen Profilschnitten werden entsprechend der in Kapitel 3.2 vorgestellten Methoden die Skelettlinien, sowie die Schnittpunkte zwischen Skelettlinie und Profil an Vorderkante und Hinterkante ermittelt. Sind diese Parameter bekannt, so wird das Profil in Wölbungs- und Dickenverteilung zerlegt. An den Dickenverteilungen werden dann u.a. die Parameter "maximale Dicke" und "Dickenrücklage" abgeleitet. Abbildung 4.1 rechts zeigt die Dickenverteilungen der drei Profilschnitte (schwarz), sowie jeweils das Maximum, an denen die "maximale Dicke" und die "Dickenrücklage" abgeleitet sind. Diese Parameter werden nun in ein zweidimensionales Diagramm überführt, in dem die Charakteristik des Parameters entlang der Schaufelblattposition dargestellt ist. Abbildung 4.2 stellt den charakteristischen Parameterverlauf für die "maximale Dicke" t_{max} dar, der durch die Verbindung der drei Stützstellen bei 20%, 50% und 80% Schaufelblatthöhe definiert ist.

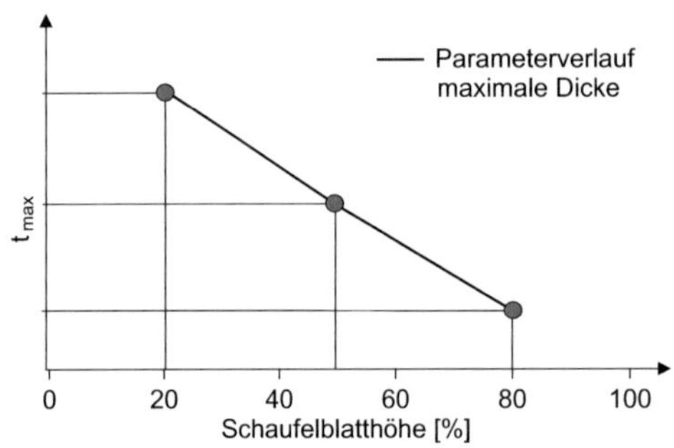

Abbildung 4.2 Parametercharakteristik "maximale Dicke" t_{max} an drei Stützpunkten bei 20%, 50% und 80% Schaufelblatthöhe

Die Parametercharakteristik ermöglicht nun in ihrem Verlauf eine visuelle Einschätzung der Geometrie. Sobald mehrere Charakteristiken unterschiedlicher Schaufeln dargestellt werden, können erste Einschätzungen hinsichtlich Robustheit der Algorithmen sowie Parameterstreuung abgeleitet werden. Werden zusätzlich die Charakteristiken des nominalen Designs sowie der Fertigungstoleranzen in dem Diagramm dargestellt, sind Qualitätseinschätzungen zur Güte der Fertigung möglich. Abbildung 4.3 stellt die Charakteristik "maximale Dicke" t_{max} für alle zur Verfügung stehenden Verdichterschaufeln an 18 unterschiedlichen Schaufelblattpositionen dar. Die gefertigten Schaufeln (dünne Linien) zeigen einen homogenen Verlauf in einem gleichmäßigen Streuband über das gesamte Schaufelblatt. Zusätzlich ist die Charakteristik des nominalen Designs (schwarz) dargestellt. Der Vergleich zu den gefertigten Schaufeln untereinander und zum nominalen Design zeigt, dass die Charakteristiken einander entsprechen. Lediglich im Filletbereich bei 10% Schaufelhöhe gibt es zwei Ausreißer. Weiterhin sind die Fertigungstoleranzen für den Parameter t_{max} in dem Diagramm eingezeichnet (schwarz gestrichelt). Die Fertigungsgrenzen wurden ausgehend von der Charakteristik des nominalen Designs gleichmäßig in positive und negative Dickenrichtung verschoben. Dadurch kann abgelesen werden, inwieweit die Fertigung den Designvorgaben entspricht.

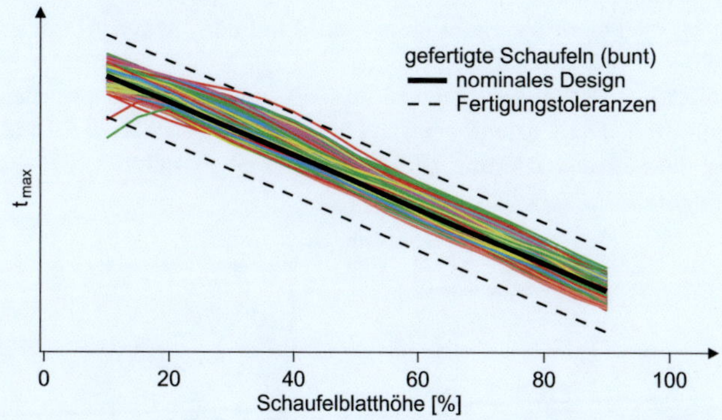

Abbildung 4.3 Parametercharakteristik "maximale Dicke" t_{max} aller zur Verfügung stehenden Schaufeln (bunt) mit dem nominalen Design (schwarz) und den Fertigungstoleranzen (schwarz gestrichelt) an 18 unterschiedlichen Schaufelblattpositionen

4.2 Analyse der Charakteristiken

In diesem Abschnitt werden anhand von ausgewählten Schaufeln die Parametercharakteristiken auf Plausibilität überprüft. Es werden Schaufeln an den oberen und unteren Grenzen der Streubänder der gefertigten Schaufeln ausgewählt und mit den realen Schaufeln verglichen. Damit kann eine visuelle Einschätzung der Streuung der Parametercharakteristiken erfolgen. Die folgenden Abbildungen zeigen jeweils links die Charakteristik eines Parameters mit allen gefertigten Schaufeln (grau) sowie eine ausgewählte Schaufel am oberen und unteren Ende des Streubands (rot und blau eingefärbt). Die rechte Abbildung zeigt das jeweilige Merkmal (farblich eingerahmt) an den realen Schaufeln.

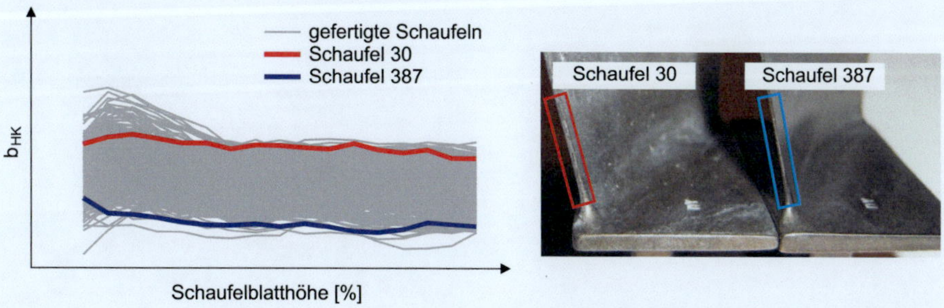

Abbildung 4.4 Links: Parametercharakteristik "Hinterkantendicke" b_{HK} für alle verfügbaren Schaufeln sowie zwei ausgewählte Schaufeln 30 (rot) und 387 (blau); Rechts: Visuelle Überprüfung der Parameterdifferenzen an den realen Schaufeln

Auf Abbildung 4.4 wird die "Hinterkantendicke" b_{HK} untersucht. Der Parameterverlauf links ist homogen und ohne Ausreißer. Es wurden die zwei Schaufeln mit den Nummern 30 (rot) und 387 (blau) ausgewählt. Zwischen beiden Schaufeln beträgt die Differenz der Parameter

200 μm. Der Unterschied der Hinterkantendicke wird auf der rechten Abbildung an den realen Schaufeln deutlich.
In Abbildung 4.5 ist der Parameter "Filletradius" R_F am Übergang zwischen Plattform und Schaufelblatt dargestellt. Der Parameterverlauf zeigt ein größeres Rauschen als für Parameter b_{HK} was auf die Filletparametrisierung zurückzuführen ist, Abschnitte 3.3 und 3.6.

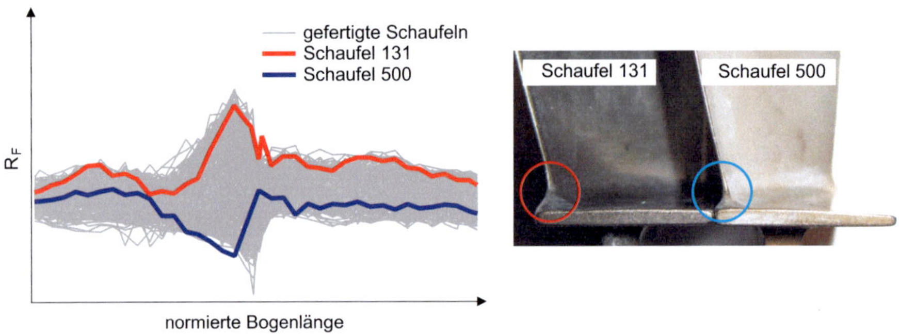

Abbildung 4.5 Links: Parametercharakteristik "Filletradius" R_F für alle verfügbaren Schaufeln (grau) und zwei ausgewählte Schaufeln 131 (rot) und 500 (blau); Rechts: Visuelle Überprüfung der Parameterdifferenzen an den realen Schaufeln

In der Mitte der Parametercharakteristik zeigt sich eine verstärkte Streuung. Dieser Bereich kann lokal auf den Übergang von Druckseite zu Hinterkante eingegrenzt werden. Zur Überprüfung der Daten wurden die beiden Schaufeln 131 (rot) und 500 (blau) ausgewählt. In dem lokal begrenzten Bereich beträgt die Differenz des Fillets der beiden Schaufeln 1.5 mm. Auf der rechten Abbildung ist dieser Bereich am Fillet an den beiden ausgewählten Schaufeln eingekreist. Auch hier bestätigt die visuelle Überprüfung an den realen Schaufeln die Parameterdifferenz.

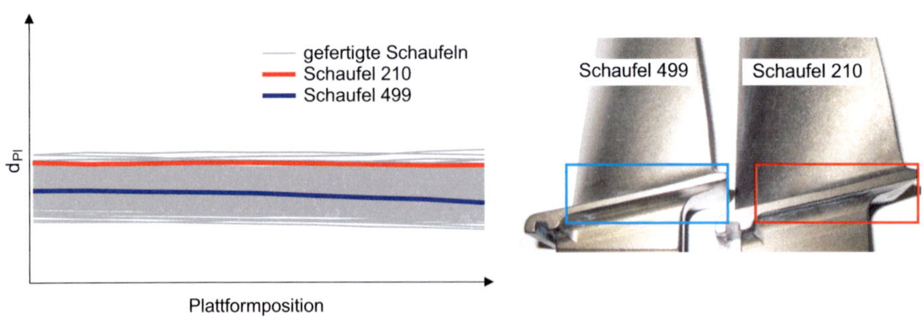

Abbildung 4.6 Links: Parametercharakteristik "Plattformdicke Saugseite" d_{Pl} für alle verfügbaren Schaufeln (grau) und zwei ausgewählte Schaufeln 210 (rot) und 499 (blau); Rechts: Visuelle Überprüfung der Parameterdifferenzen an den realen Schaufeln

Abbildung 4.6 zeigt Unterschiede der gefertigten Schaufeln am Parameter "Plattformdicke Saugseite" d_{Pl}. Der Parameterverlauf ist ausgeprägt homogen und zeigt hohe Parameterkorrelationen zwischen den unterschiedlichen Plattformpositionen. Für die Überprüfung wurden die Schaufeln 210 (rot) und 499 (blau) verwendet. Der Parameterdifferenz zwischen beiden Schaufeln beträgt 250 μm und ist deutlich an den realen Schaufeln erkennbar.

4.3 Abnutzungserscheinungen

Der vorhandene Schaufelsatz basiert auf Schaufeln aus verschiedenen Triebwerken mit unterschiedlichen Merkmalen hinsichtlich Fertigung, Betreiber, Einsatzort und Einsatzzeit. Es ist deshalb naheliegend auf Basis der generierten Parameterdatensätze Verschleiß bzw. Abnutzung der Schaufeln zu suchen.

So hat sich während der Auswertung der Daten gezeigt, dass in den Streubändern der Parametercharakteristiken die einzelnen Triebwerke, aus denen die Schaufeln entnommen wurden, wiederzufinden sind (siehe auch Abschnitt 4.5). Besonders wird dies an dem Parameter "Dickenrücklage" x_{tmax} deutlich. Abbildung 4.7 links zeigt die entsprechende Parametercharakteristik für die gefertigten Schaufeln (grau) sowie für drei ausgewählte Schaufeln aus unterschiedlichen Triebwerken. Die Parametercharakteristik der Schaufeln 27 und 499 verlaufen über einen großen Bereich nahezu parallel zueinander. Die Charakteristik von Schaufel 138 weicht jedoch von den beiden anderen Charakteristiken stark ab. Weiterhin zeigen alle drei Schaufeln im Bereich der Schaufelspitze bei 90% Schaufelblatthöhe deutliche Differenzen untereinander. Nun liegt bei der Suche nach Verschleiß nahe, dass zuerst eine Abnutzung der Schaufelvorderkante im Bereich der Schaufelspitze zu erwarten ist. Aufgrund der im rotierenden System wirkenden Zentrifugalkräfte, werden Partikel an den äußeren Rand des Strömungskanals getragen und bewirken beim Auftreffen auf die Schaufel eine Erosion der Vorderkante bzw. einen Einschlag.

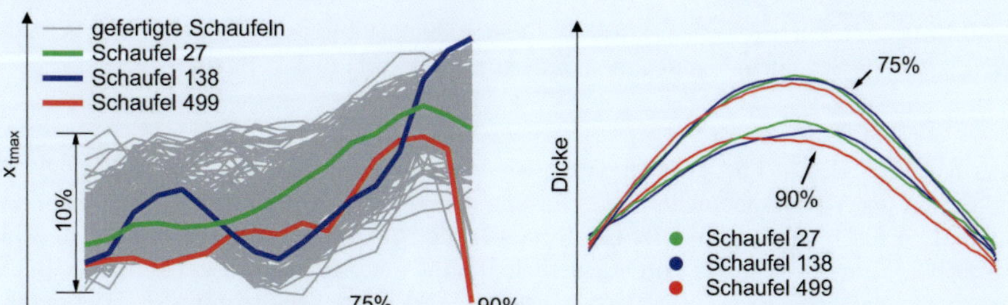

Abbildung 4.7 Links: Parametercharakteristik "Dickenrücklage" für alle Schaufeln (grau) und drei ausgewählte Schaufeln; Rechts: Dickenverteilung von drei ausgewählten Schaufeln bei 75% und 90% Schaufelblatthöhe

Bei Betrachtung der Dickenrücklage würde sich eine Abnutzung der Vorderkante oder der Hinterkante durch Erosion in einer Verschiebung der Dickenrücklage deutlich machen. Rechts in der Abbildung 4.7 sind die zur Parametrisierung herangezogenen Dickenverteilungen der drei

Schaufeln bei 75% und 90% Schaufelblatthöhe dargestellt. Ein Blick auf die Dickenverteilungen bei 90% untermauert die Streuung der Parametercharakteristik. Die Dickenverteilungen der Schaufeln 138 und 499 zeigen eine leichte rechts- bzw. linksseitige Schiefe, die durch Erosion hervorgerufen werden sein könnte. Dagegen zeigen die Dickenverteilungen bei 75% Schaufelblatthöhe wieder ähnliche Charakteristiken.
Zur Untersuchung der Abnutzung soll die Vorderkantenform genauer untersucht werden, da diese sich während der Laufzeit ändern könnte. Dazu wird der Parameter Elliptizität ϵ eingeführt, der sich aus der großen und kleinen Halbachse der Vorderkantenellipse

$$\epsilon_{VK} = \frac{a_{VK}}{b_{VK}} \tag{4.1}$$

berechnet. Dieser Faktor kann wieder in einer Parametercharakteristik über die Schaufelblatthöhe dargestellt werden. Für einen steigenden Verlauf würde sich die Form der Vorderkante hin zu einer spitzen Vorderkante verändern. Für abnehmenden Verlauf würde sich die

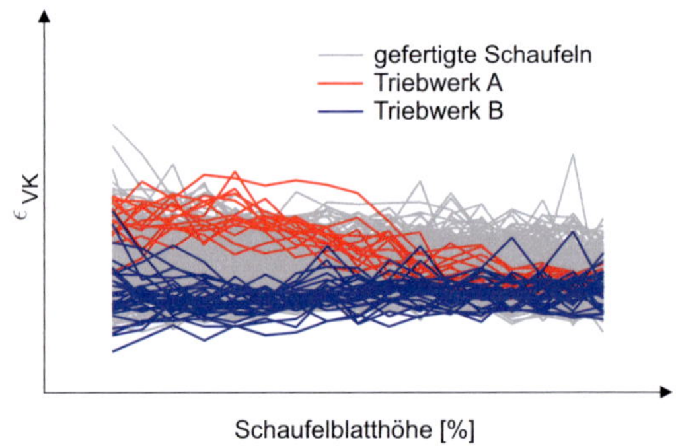

Abbildung 4.8 Parametercharakteristik "Vorderkantenelliptizität" ϵ_{VK} für alle Schaufeln (grau) sowie die Schaufeln aus den zwei Triebwerken A (rot) und B (blau)

Form der Vorderkante hin zu einer stumpfen Vorderkante verändern. Abbildung 4.8 zeigt den Verlauf der Vorderkantenelliptizität für alle gefertigten Schaufeln (grau) und davon zwei ausgewählte Triebwerke A und B. Die Schaufeln der beiden Triebwerke sind rot und blau eingefärbt. Während sich die Vorderkantenelliptizität der Schaufeln des Triebwerks B über die Schaufelblatthöhe nicht verändert, zeigt die Vorderkantenelliptizität des Triebwerks A einen abnehmenden Verlauf hin zur Schaufelspitze, was einer Änderung der Form hin zu einer stumpferen Schaufelvorderkante entspricht. Legt man einem Verschleißkriterium eine stumpfe Vorderkante zu Grunde, so könnte hier Verschleiß quantifiziert werden. Jedoch kann die Annahme des Verschleißes nicht bestätigt werden, wenn der Betreiber sowie Einsatzort und Einsatzzeit mit berücksichtigt werden. Beide Triebwerke wurden von demselben Betreiber sowie mit ähnlicher Einsatzzeit und gleichem Einsatzort genutzt.
Mit den vorliegenden Daten hinsichtlich Fertigung, Betreiber, Einsatzort und Einsatzzeit kann somit keine Aussage zu Verschleiß getroffen werden, da die erkannten Fertigungsstreuungen mögliche Abnutzungserscheinungen dominieren. Das wird deutlich, da die einzelnen Triebwerke innerhalb der Fertigungstoleranzen in separaten Streubändern verlaufen.

4.4 Reduktion der Parameter

Die Anzahl der geometrischen Parameter korreliert direkt mit der Erfassung der geometrischen Effekte. Durch die hohe Anzahl an Parametern kann davon ausgegangen werden, dass die gefertigte Geometrie detailliert erfasst wird. Dennoch zeigen die Merkmale der Geometrien (z.B. Plattformdicke) einen über den parametrisierten Bereich ähnlichen Verlauf auf. Deshalb soll geprüft werden, inwieweit es möglich ist, gleiche Parameter an unterschiedlichen Positionen zusammenzufassen. Die Parametercharakteristik "maximale Dicke" t_{max} wird zu diesen Untersuchungen hinsichtlich Parameterreduktion herangezogen.
Für jede Charakteristik der einzelnen Schaufeln stehen diskrete Werte, entsprechend der Profilschnitte, zur Verfügung. Die einzelnen Werte werden für eine erste statistische Auswertung in Bereiche zusammengefasst, wodurch die Diskretisierung der Parameter von den Stützstellen der Profilschnitte gelöst und in flexible Bereiche unterteilt wird, LANGE et al. [56]. Zur Demonstration der Methodik wird ein Bereichsvektor **G** mit den Bereichen

$$\mathbf{G} = (10\%, 20\%, 30\%, 40\%, 50\%, 60\%, 70\%, 80\%, 90\%) \tag{4.2}$$

definiert. Für jeden Bereich in den Grenzen $[G_n; G_{n+1}]$ wird entsprechend der Trapezformel

$$P_G = \int_{G_n}^{G_{n+1}} f(x')dx' = \sum_{i=n}^{n+1} \left(y'_i + \frac{y'_{(i+1)} - y'_i}{2} \right) \Delta x' \tag{4.3}$$

die Fläche unterhalb der Charakteristik integriert. Dabei sind x',y' die Stützstellen der Charakteristik. Der Mittelwert jedes Bereichs kann anschließend durch

$$P_{\overline{G}} = \frac{P_G}{\Delta G} \tag{4.4}$$

berechnet werden. Abbildung 4.9 zeigt die zusammengefassten Mittelwertdaten. Die grauen

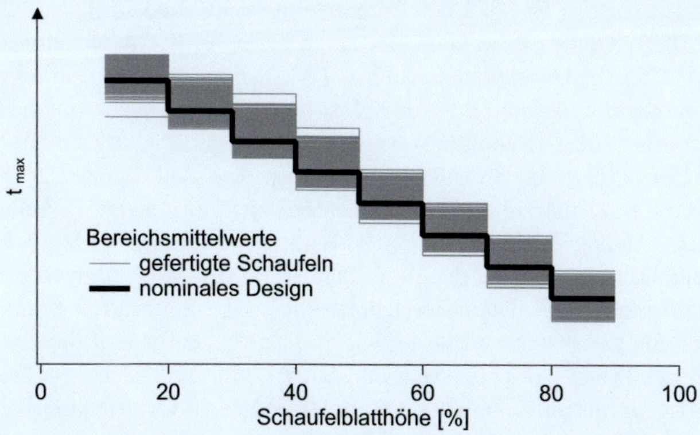

Abbildung 4.9 Bereichsmittelwerte (grau dargestellt) der Parametercharakteristiken "maximale Dicke" (grau) mit dem nominalen Design (schwarz)

horizontalen Linien zeigen die jeweiligen Mittelwerte $P_{\overline{G}}$ der Charakteristiken für die entsprechenden Bereiche an. Die schwarze Linie illustriert die Mittelwertcharakteristik des nominalen Designs.

Anhand dieser Mittelwertdaten werden nun die Korrelationen zwischen den einzelnen Bereichen entsprechend dem SPEARMAN-Rangkorrelationskoeffizienten $\widetilde{r}$ (siehe Abschnitt 2.8.3) berechnet. Dadurch kann numerisch quantifiziert der Zusammenhang zwischen den einzelnen Mittelungsbereichen ermittelt werden.

8 Bereiche								
1	1.00	0.76	0.57	0.59	0.56	0.55	0.53	0.42
2	0.76	1.00	0.93	0.89	0.80	0.68	0.58	0.64
3	0.57	0.93	1.00	0.96	0.85	0.71	0.59	0.68
4	0.59	0.89	0.96	1.00	0.93	0.83	0.74	0.77
5	0.56	0.80	0.85	0.93	1.00	0.96	0.84	0.80
6	0.55	0.68	0.71	0.83	0.96	1.00	0.93	0.83
7	0.53	0.58	0.59	0.74	0.84	0.93	1.00	0.90
8	0.42	0.64	0.68	0.77	0.80	0.83	0.90	1.00

Spearman (Konfidenzintervall)
- 0.8 ... 1.0 (0.76/ 1.00)
- 0.6 ... 0.8 (0.53/ 0.83)
- 0.4 ... 0.6 (0.31/ 0.66)
- 0.2 ... 0.4 (0.10/ 0.48)
- 0.0 ... 0.2 (-0.10/ 0.29)
- -0.2 ... 0.0 (-0.29/ 0.10)
- -0.4 ...-0.2 (-0.48/-0.10)
- -0.6 ...-0.4 (-0.66/-0.31)
- -0.8 ...-0.6 (-0.83/-0.53)
- -1.0 ...-0.8 (-1.00/-0.76)

Abbildung 4.10 Korrelationsmatrix von Parameter "maximale Dicke" mit acht Mittelungsbereichen

Abbildung 4.10 zeigt die Korrelationen zwischen den einzelnen Mittelungsbereichen anhand der Korrelationsmatrix. In der Korrelationsmatrix sind jeweils auf Ordinate und Abszisse die Mittelungsbereiche, gekennzeichnet durch die Ziffern 1-8, aufgetragen. Auf der Hauptdiagonalen in der Mitte der Matrix beträgt der Korrelationskoeffizient $\widetilde{r} = 1$, da identische Daten miteinander verglichen werden. Betrachtet man drei zusammenhängende Bereiche, so betragen die Korrelationskoeffizienten bis $\widetilde{r} > 0.8$, was einer sehr starken Korrelation zwischen den Bereichen entspricht. Selbst zwischen den Bereichen an Nabe und Gehäuse (Bereich 1 und Bereich 8) beträgt der Korrelationskoeffizient $\widetilde{r} = 0.42$. Die numerische Bewertung der Daten zeigt also, dass die Charakteristiken der gefertigten Schaufeln entlang der Schaufelhöhe homogen verlaufen. Für das Beispiel der "maximalen Dicke" bedeutet das, dass eine Schaufel mit einer hohen Dicke an der Nabe auch eine hohe Dicke am Gehäuse aufweist.

Trotzdem kann der Korrelationskoeffizient nicht als einziges Bewertungsmerkmal für die Parameterreduktion verwendet werden, da er lediglich den relativen Zusammenhang zwischen zwei Datensätzen berechnet. Eine Erhöhung der Streubreite entlang der Schaufelblatthöhe wird mit dem Korrelationskoeffizienten nicht berücksichtigt. Um Änderungen in der Streubreite zu untersuchen wird die Interquartilbreite IQR, die der Differenz aus den 75% und 25% Quantilen entspricht, genutzt (siehe Abschnitt 2.8.2). Abbildung 4.11 links verdeutlicht die genannten statistischen Parameter am Beispiel der Bereichsmittelwerte des Parameters "maximale Dicke" mit einem "Box-Whisker Plot". Die Bereichsmittelwerte der gefertigten Schaufeln sind in dem jeweiligen Bereich als graue horizontale Linien dargestellt. An jedem dieser diskreten Datensätze können die Quantilen berechnet werden. Auf Abbildung 4.11 ist der Interquartilbereich $[Q_{0,25}; Q_{0,75}]$ als Box dargestellt. Der Median am 50%-Quantil $Q_{0,5}$ ist innerhalb der Box durch eine rote horizontale Linie gekennzeichnet. Die vertikalen Linien ober- und unterhalb der Box zeigen den Quantilbereich $Q_{0,1} - Q_{0,25}$ bzw. $Q_{0,75} - Q_{0,9}$. Die Mittelwertcharakteristik des nominalen Designs ist als schwarze horizontale Linie dargestellt. Die Interquartilbreite kann anschließend über alle Mittelungsbereiche aufgetragen werden, um einen visuellen Eindruck

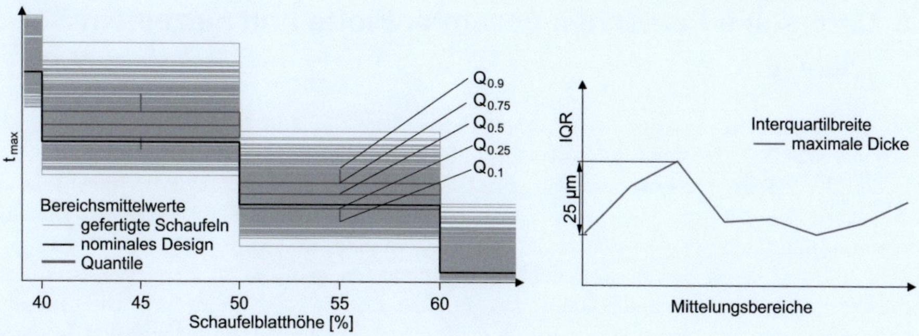

Abbildung 4.11 Links: Ausschnitt aus Abbildung 4.9 zur Erläuterung statistischer Parameter; Rechts: Verlauf der Interquartilbreite IQR entlang der Mittelungsbereiche

der Streuung zu erhalten. Abbildung 4.11 rechts zeigt den IQR–Verlauf für den Parameter "maximale Dicke". Die maximale Differenz zwischen den Mittelungsbereichen beträgt 25 μm. Die Parametercharakteristik mit Korrelationsmatrix und der IQR-Verlauf erlauben Rückschlüsse auf den Fertigungsprozess und geben wertvolle Hinweise zur Parameterreduktion. Je nach Parameter ist so für die statistische Auswertung der Daten die Vergrößerung der Mittelungsbereiche bzw. die Reduzierung der Bereiche erlaubt. Die genaue Positionierung der Bereichsgrenzen und der Bereichsanzahl muss je nach Parameter individuell entschieden werden (siehe auch Abschnitt 4.6). Abbildung 4.12 zeigt die Reduzierung der Bereichsparameter durch eine Vergrößerung der Mittelungsbereiche auf vier Mittelungsbereiche (links) und zwei Mittelungsbereiche (rechts).

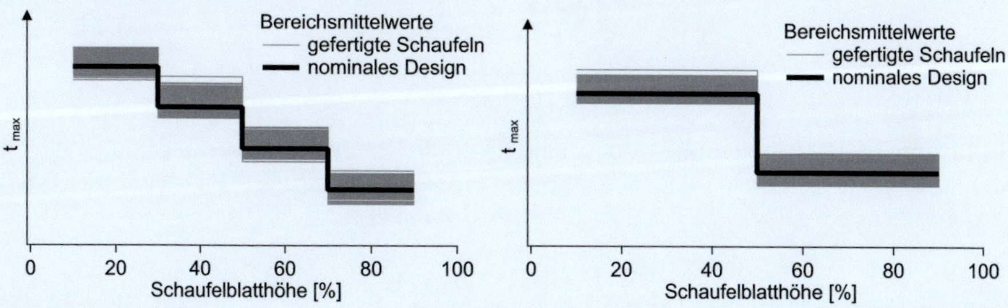

Abbildung 4.12 Parametercharakteristik "maximale Dicke" mit vier Mittelungsbereichen (links) und zwei Mittelungsbereichen (rechts)

4.5 Unterschied zwischen gesamter Flotte und einzelnem Triebwerk

Nach der Einführung des charakteristischen Parameterverlaufs in Abschnitt 4.1 und der Mittelungsbereiche in Abschnitt 4.4 soll jetzt auf Differenzen in den statistischen Parametern zwischen der gesamten Flotte und den einzelnen Triebwerken eingegangen werden. Wie sich in Abschnitt 4.3 schon angedeutet hat, weichen die Parametercharakteristiken der einzelnen Triebwerke innerhalb der Fertigungstoleranzen voneinander ab.
In Abbildung 4.13 ist der Zusammenhang zwischen den gemittelten Bereichen Nummer 3 und 6 des Parameter "maximale Dicke" t_{max} in einer Punktewolke dargestellt. Die Einteilung der Bereiche orientiert sich an den acht Bereichen aus Abschnitt 4.4. Jeder Punkt in diesem Diagramm stellt eine digitalisierte Schaufel dar. Die dargestellte Punktewolke entspricht einem Korrelationskoeffizienten von $\widetilde{r} = 0.71$. In der Abbildung wurden repräsentativ vier Triebwerke farblich hervorgehoben, an denen gut erkennbar ist, dass die gesamte Flotte die einzelnen Triebwerke verdeckt. Der Korrelationskoeffizient für das Triebwerk A beträgt z.B. $\widetilde{r}_A = 0.79$.

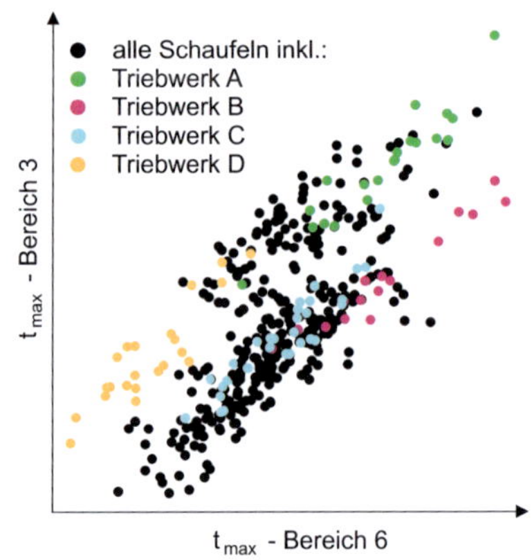

Abbildung 4.13 Punktewolke zur Darstellung des relativen Zusammenhangs für den Parameter "maximale Dicke" t_{max} zwischen den Mittelungsbereichen 3 und 6 mit vier farblich hervorgehobenen Triebwerken der digitalisierten Schaufeln

Anhand der unterschiedlichen Korrelationen aus Abbildung 4.13 wird deutlich, dass an dieser Stelle eine Entscheidung zur statistischen Auswertung und der weiterführenden Untersuchung getroffen werden muss. Es besteht einerseits die Möglichkeit, die gesamte Flotte zu betrachten. Das bietet den Vorteil, dass anhand der statistischen Auswertung ein Gesamteindruck zur Flotte mit den dazugehörigen Produktionstoleranzen gewonnen werden kann. Andererseits können auch einzelne Triebwerke mit entsprechenden Hintergrund (z.B. Produktionsstätte und Materiallieferant) untersucht werden. Dieser Ansatz bietet sich besonders dann an, wenn Probleme oder Unstimmigkeiten an einem Triebwerk auftreten und eventuell der einzelne Fertigungsprozess untersucht werden soll. Wesentlicher Unterschied an beiden Ansätzen ist, dass bei Betrachtung der Flotte die Differenzierung nach Triebwerk verloren geht. Das führt dazu, dass die statistischen Parameter der Flotte nicht mit denen der Triebwerke übereinstimmen können. In Abbildung 4.13 wird dies am Beispiel der Punktewolken für die Triebwerke A und

B deutlich. Diese Punktewolken sind für den Mittelungsbereich 6 nahezu identisch positioniert. Aber für den Mittelungsbereich 3 liegen die Punktewolken nebeneinander.

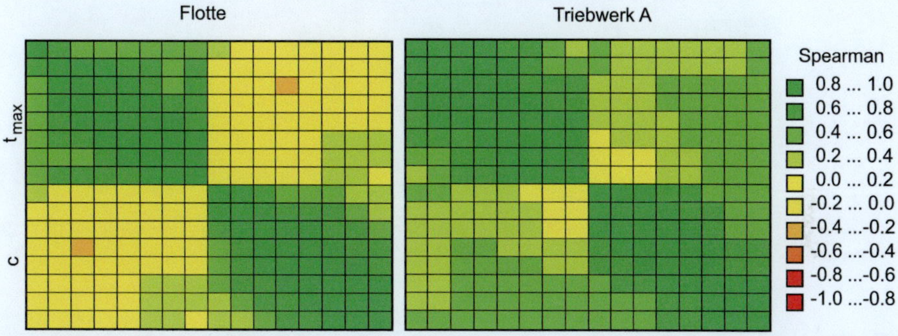

Abbildung 4.14 Korrelationsmatrizen mit den Parametern "maximale Dicke" t_{max} und "Sehnenlänge" c für jeweils acht Mittelungsbereiche; Links: für die gesamte Flotte; Rechts: Ausschließlich für das Triebwerk A

Abbildung 4.14 verdeutlicht die unterschiedlichen statistischen Parameter am Beispiel der Korrelationsmatrix. Beide Matrizen zeigen die Korrelationen zwischen den Parametern "maximale Dicke" t_{max} und "Sehnenlänge" c für jeweils acht Bereiche. Links ist die Korrelationsmatrix für die gesamte Flotte dargestellt. Deutlich zu erkennen sind die positiven Korrelationen zwischen den einzelnen Bereichen für beide Parameter. Ebenso deutlich zeigt sich zwischen den Parametern keine Korrelation, gekennzeichnet durch die gelben Flächen. Abbildung 4.14 rechts zeigt nun die gleiche Korrelationsmatrix jedoch nur für das Triebwerk A. Und hier wird deutlich, dass sowohl positive Korrelationen zwischen den einzelnen Bereichen als auch zwischen den Parametern auftreten.

Neben dem oben dargestellten Problem der Korrelationen zwischen Triebwerk und Flotte, sind auch innerhalb der Parametercharakteristiken die einzelnen Triebwerke erkennbar. Dies lässt sich besonders am Beispiel der Parametercharakteristik "Dickenrücklage" x_{tmax} zeigen. In Abbildung 4.15 sind die Parametercharakteristiken aller verfügbaren Schaufeln (grau) dargestellt. Davon sind drei Triebwerke farblich hervorgehoben. Auch diese Triebwerke haben einen bestimmten Hintergrund, der sich aus Fertigung, Betreiber, Einsatzort und Einsatzzeit zusammensetzt. Innerhalb der Streubänder der einzelnen Triebwerke ist der Verlauf der Charakteristiken homogen. Bei Betrachtung von ausschließlich nur einem Triebwerk sind somit hohe Korrelationen zu erwarten. Jedoch führt die Betrachtung der gesamten Flotte zu niedrigen oder keinen Korrelationen zwischen den einzelnen Schaufeln über der Schaufelhöhe.

Innerhalb dieser Untersuchung soll der Einfluss der Flottenstreuung auf die Schwingfestigkeit ermittelt werden, wodurch teilweise geometrische Effekte der einzelnen Schaufeln bzw. Triebwerke in der Statistik nicht berücksichtigt werden können.

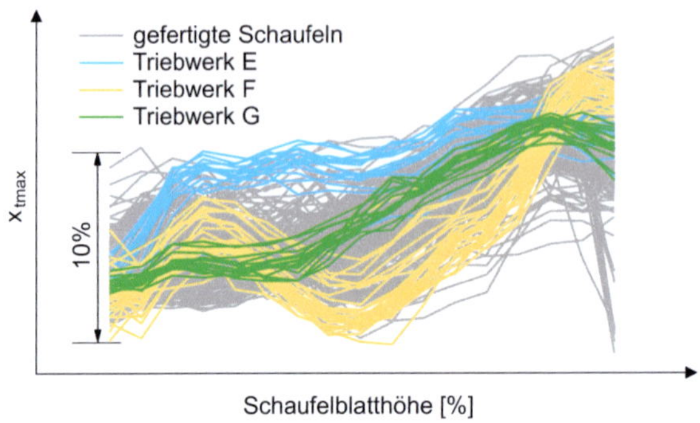

Abbildung 4.15 Parametercharakteristik für "Dickenrücklage" x_{tmax} für drei ausgewählte Triebwerke

4.6 Statistische Auswertung auf Basis des nominalen Designs

4.6.1 Einführung des Δ-Bezugssystem

Die statistische Auswertung der Parameter soll auf Basis des nominalen Designs (ND) erfolgen. Dadurch können direkt Rückschlüsse auf Abweichungen aus dem Fertigungsprozess gezogen werden. Außerdem wird die Interpretation der statistischen Parameter erleichtert, auch mit Blick auf die beabsichtigte probabilistische Untersuchung.

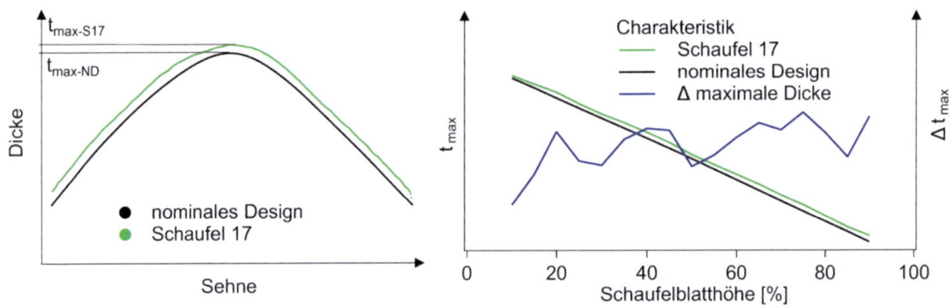

Abbildung 4.16 Links: Dickenverteilung von Schaufel 17 und des nominalen Designs bei 75% Schaufelblatthöhe; Rechts: Parametercharakteristiken t_{max} für Schaufel 17 und nominales Design sowie Δ-Charakteristik der beiden Schaufeln

Für die statistische Auswertung werden die vorhandenen Parametersätze aus dem absoluten Bezugssystem in das relative Bezugssystem des nominalen Designs mit Gleichung 4.5 transformiert.

$$\mathbf{\Delta P} = \mathbf{P_{Abs}} - \mathbf{P_{ND}} \tag{4.5}$$

Abbildung 4.16 verdeutlicht die Vorgehensweise anhand des Parameter "maximale Dicke" t_{max} für die Schaufel 17 und das nominale Design. Links sind für beide Schaufeln die Dickenverteilungen der Profilschnitte bei 75% Schaufelblatthöhe dargestellt. Mit den in Kapitel 3.2 vorgestellten Algorithmen wird jeweils die maximale Dicke ermittelt. Der Parameter Δt_{max} wird aus der Differenz der maximalen Dicken von Schaufel 17 $t_{max-S17}$ und dem nominalen Design t_{max-ND} gebildet. Abbildung 4.16 rechts stellt die schon bekannte Parametercharakteristik "maximale Dicke" für beide Schaufeln dar. Zusätzlich ist nun auch die Charakteristik für den Parameter Δt_{max} über die Schaufelblatthöhe dargestellt. Diese Δ-Charakteristik wird zur weiteren statistischen Auswertung genutzt.

4.6.2 Reduzierung der Mittelungsbereiche

Für die statistische Auswertung ist es sinnvoll, die Anzahl der Mittelungsbereiche weiter zu reduzieren. Anhand der vorliegenden Charakteristiken zeichnete sich schon während der bisherigen Auswertung ab, dass Gemeinsamkeiten zwischen den Mittelungsbereichen existieren. Zur Reduzierung bedarf es neben dem Korrelationsplot, einer Berücksichtigung des IQR-Verlaufs, der Parametercharakteristik sowie individueller Randbedingungen. Demnach können die vorliegenden Daten in drei Kategorien unterteilt werden, auf die im Einzelnen eingegangen werden soll. Als Grenzwert für die maximale Differenz der IQR-Werte wurden 25 μm bzw. 0.5° festgelegt.

Kategorie 1

Diese Kategorie ist geprägt von hohen Korrelationen zwischen den einzelnen Bereichen sowie einem IQR-Verlauf mit einer maximaler Differenz unterhalb des Grenzwertes. In diese Kategorie können folgende Parameter eingeordnet werden:

Schaufelblatt:	γ	t_{max}	a_{VK}	b_{VK}	a_{HK}	b_{HK}	S_h	
Plattform:	b_{Pl}	b_{Pr}	d_{Pl}	d_{Pr}	l_{Pr}	l_{Pv}	p_{Pl}	p_{Pr}
Schaft:	p_{Sl1}	p_{Sl2}	p_{Sr1}	p_{Sr2}	S_l			
Radien:	R_F	R_7	R_8	R_9	R_{10}	R_{11}		

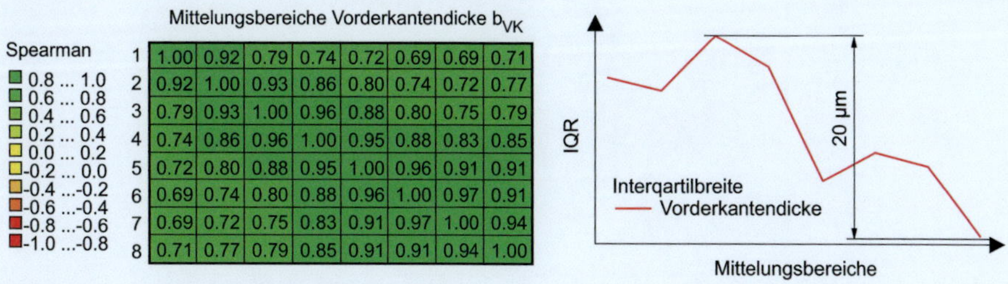

Abbildung 4.17 Links: Korrelationsplot des Parameter "Vorderkantendicke" b_{VK} für 8 Mittelungsbereiche; Rechts: IQR-Verlauf auf Basis der Mittelungsbereiche

Abbildung 4.17 zeigt stellvertretend für diese Kategorie den Korrelationsplot für acht Mittelungsbereiche (links) und den dazugehörigen IQR-Verlauf mit der maximalen Differenz (rechts) für den Parameter "Vorderkantendicke" b_{VK}. Für diese Parameter kann zur statistischen Auswertung der Daten ein Mittelungsbereich über die gesamte Geometrie genutzt werden.

Kategorie 2

Diese Kategorie zeichnet sich ebenfalls durch hohe Korrelationen zwischen den Mittelungsbereichen aus. Jedoch liegt im Vergleich zu Kategorie 1 die maximale Differenz des IQR-Verlaufs über dem Grenzwert. In diese Kategorie können folgende Parameter eingeordnet werden:

Schaufelblatt: ax_{pos} tan_{pos} c

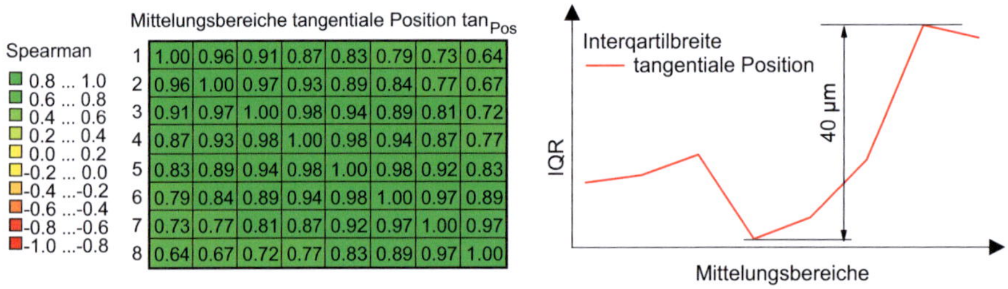

Abbildung 4.18 Links: Korrelationsplot des Parameter "tangentiale Position" tan_{Pos} für 8 Mittelungsbereiche; Rechts: IQR-Verlauf des Parameter für die Mittelungsbereiche

Abbildung 4.18 zeigt die Korrelationsmatrix und den IQR-Verlauf für den Parameter "tangentiale Position" tan_{Pos} . Demnach kommt es entlang der Schaufelblatthöhe zu einer Vergrößerung der Streuung. Abbildung 4.19 zeigt die Auswirkungen einer hohen IQR-Differenz an zwei ausgewählten Schaufeln. Die Differenz der beiden Charakteristiken nimmt ausgehend von der Plattform mit 270 μm zur Schaufelspitze hin stetig auf 600 μm zu.

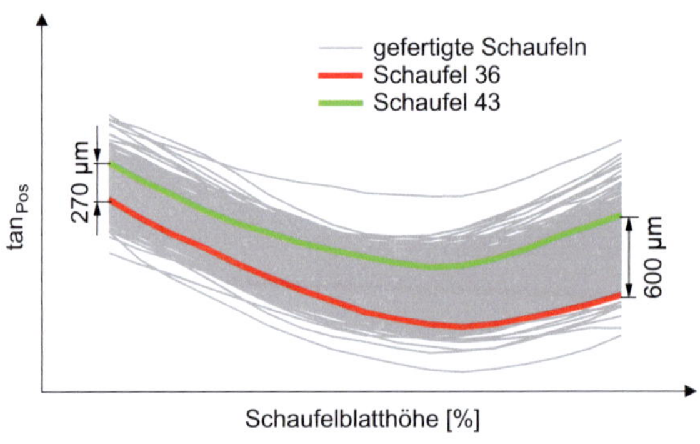

Abbildung 4.19 Charakteristischer Verlauf des Parameter "tangentiale Position" tan_{Pos} entlang der Schaufelblatthöhe für alle Schaufeln (grau) und 2 ausgewählte Schaufeln

Für die Parameter dieser Kategorie sind also minimal zwei Mittelungsbereiche zu empfehlen, da ansonsten Änderungen in der Geometrie entlang eines Richtungsvektors nur unzureichend berücksichtigt werden können.

Kategorie 3

Diese Kategorie zeichnet sich durch eine geringe Korrelation zwischen den Mittelungsbereichen sowie durch eine maximale IQR-Differenz unterhalb des IQR-Grenzwertes aus. Folgende Gründe können für die geringe Korrelation in Betracht gezogen werden:

- unzureichende Qualität der digitalisierten Daten und damit verbunden
- numerisches Rauschen der Parameter auf Basis der digitalisierten Geometrie durch z.B. Abnutzungserscheinungen oder Fertigungsstreuungen (vgl. auch Abschnitt 3.6) sowie
- unterschiedliche Parametercharakteristiken zwischen einzelnen Triebwerken (vgl. auch Abschnitt 4.5)

Zu dieser Kategorie zählen folgende Parameter:

Schaufelblatt:	α_{VK} α_{HK} x_t w_{max} x_w
Radien:	R_F

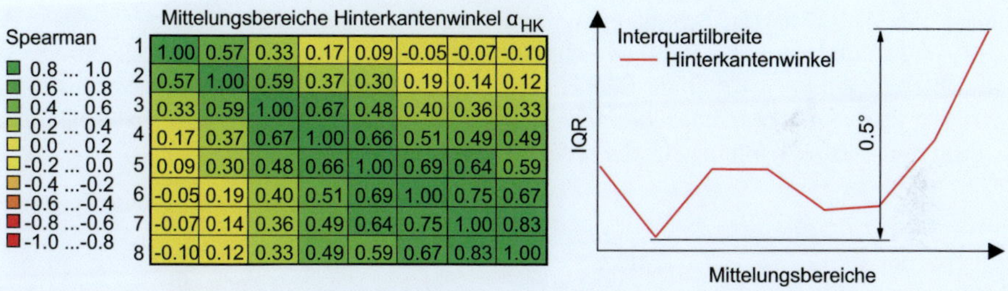

Abbildung 4.20 Links: Korrelationsplot des Parameter "Hinterkantenwinkel" α_{HK} für 8 Mittelungsbereiche ; Rechts: IQR-Verlauf des Parameter für die Mittelungsbereiche

Abbildung 4.20 zeigt exemplarisch den Korrelationsplot und den IQR-Verlauf für den Parameter "Hinterkantenwinkel". Zur weiteren Auswertung der Daten empfiehlt sich hier unter Berücksichtigung der oben genannten Probleme die Reduzierung der Mittelungsbereiche auf einen Bereich. Durch die globale Mittelung wird der Einfluss verrauschter Daten minimiert. Nachteilig ist jedoch, dass damit auch geometrische Effekte unberücksichtigt bleiben können. Abbildung 4.21 erläutert das Problem am Parameter "Hinterkantenwinkel". Links ist die Parametercharakteristik mit einer ausgewählten Schaufel 103 zu sehen. Der Verlauf der Schaufel zeigt einen Ausreißer bei 80% Schaufelblatthöhe. Zudem verläuft die Charakteristik der einzelnen Schaufel durch das gesamte fertigungsbedingte Streuband der Flotte. Abbildung 4.21 rechts zeigt den Hinterkantenbereich von zwei Profilschnitten bei 75% und 80% Schaufelblatthöhe. Deutlich ist der kantige Übergang von der Hinterkante auf die Saugseite des Profils bei 80% Schaufelblatthöhe zu erkennen. Im Vergleich dazu ist der Übergang bei 75% Schaufelblatthöhe stetig. Der kantige Übergang bei 80% Schaufelblatthöhe wirkt sich schließlich auf den Skelettlinienverlauf und die Parametrisierung im Hinterkantenbereich aus, was wiederum den Ausreißer in der Abbildung links erklärt.

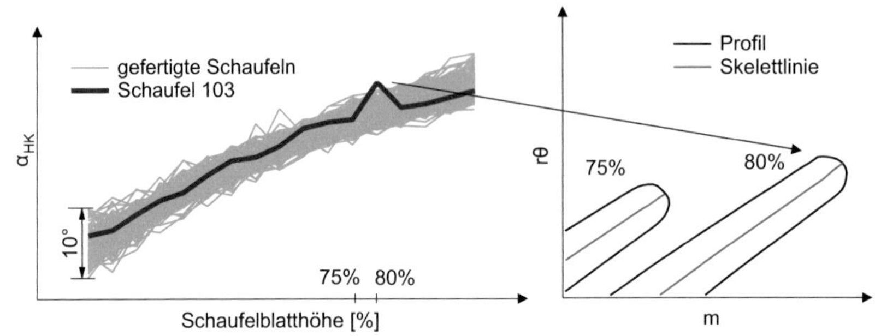

Abbildung 4.21 Links: Parametercharakteristik "Hinterkantenwinkel" α_{HK} für die Schaufel 103; Rechts: Profilschnitte (Hinterkantenbereich) der Schaufel 103 bei 75% und 80% Schaufelblatthöhe

4.6.3 Ermittlung der statistischen Parameter

Auf Basis der in Abschnitt 4.6.2 vorgestellten Randbedingungen können die ermittelten Parameter der digitalisierten Schaufeln in Mittelungsbereiche zusammengefasst werden. Abbildung 4.22 links zeigt die Parametercharakteristik "maximale Dicke" der Mittelwerte der digitalisierten Schaufeln für einen Bereich. Die Parametermittelwerte lassen sich als diskrete Verteilung in einem Histogramm darstellen. Abbildung 4.22 rechts zeigt das Histogramm mit der diskreten Dichteverteilung für die ermittelten Mittelwerte.

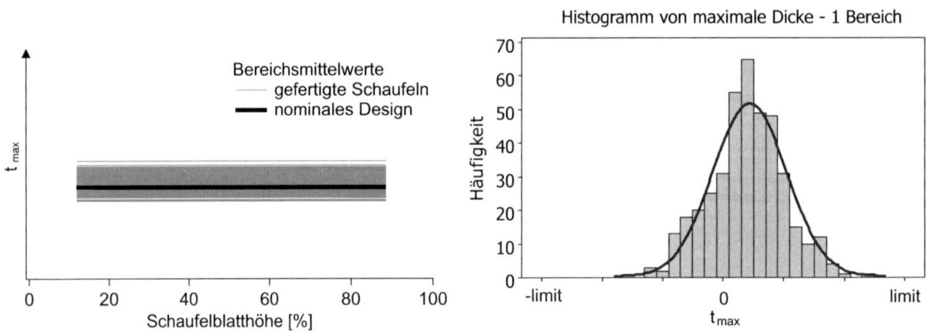

Abbildung 4.22 Links: Parametercharakteristik der Mittelwerte "maximale Dicke" t_{max} für alle Schaufeln (grau) und das nominale Design (schwarz) von 10% – 90% Schaufelblatthöhe; Rechts: Diskrete Dichteverteilung für die Parametercharakteristik "maximale Dicke" auf Basis von einem Mittelungsbereich sowie approximierte stetige Dichteverteilung nach Anderson-Darling

Durch die Transformation der absoluten Parameter in die Δ-Parameter (siehe Abschnitt 4.6.1) kann nun eine erste statistische Bewertung der Daten zu Position und Streuung der diskreten Dichteverteilung erfolgen. So zeigt sich, dass der Mittelwert der diskreten Dichteverteilung nicht mit dem nominalen Design übereinstimmt (das nominale Design befindet sich durch die

Überführung der Daten in die Δ-Parameter bei 0). Stattdessen ist die Verteilung in positiver Richtung verschoben. Weiterhin zeigt sich bei Berücksichtigung der Produktionstoleranzen, diese sind durch die Grenzen $[-limit; limit]$ gekennzeichnet, dass die gefertigten Schaufeln innerhalb der Produktionstoleranzen liegen.
Mit Blick auf die probabilistische Untersuchung ist es erforderlich, die diskrete Dichteverteilung durch eine stetige Dichteverteilung zu approximieren. Dafür kann z.B. auf den ANDERSON-DARLING-Anpassungstest (siehe Abschnitt 2.8.1) zurückgegriffen werden. In Abbildung 4.22 rechts ist die diskrete Dichteverteilung mit der approximierten stetigen Dichteverteilung dargestellt. Für den Parameter "maximale Dicke" werden die diskreten Daten am Besten durch eine Normalverteilung approximiert.

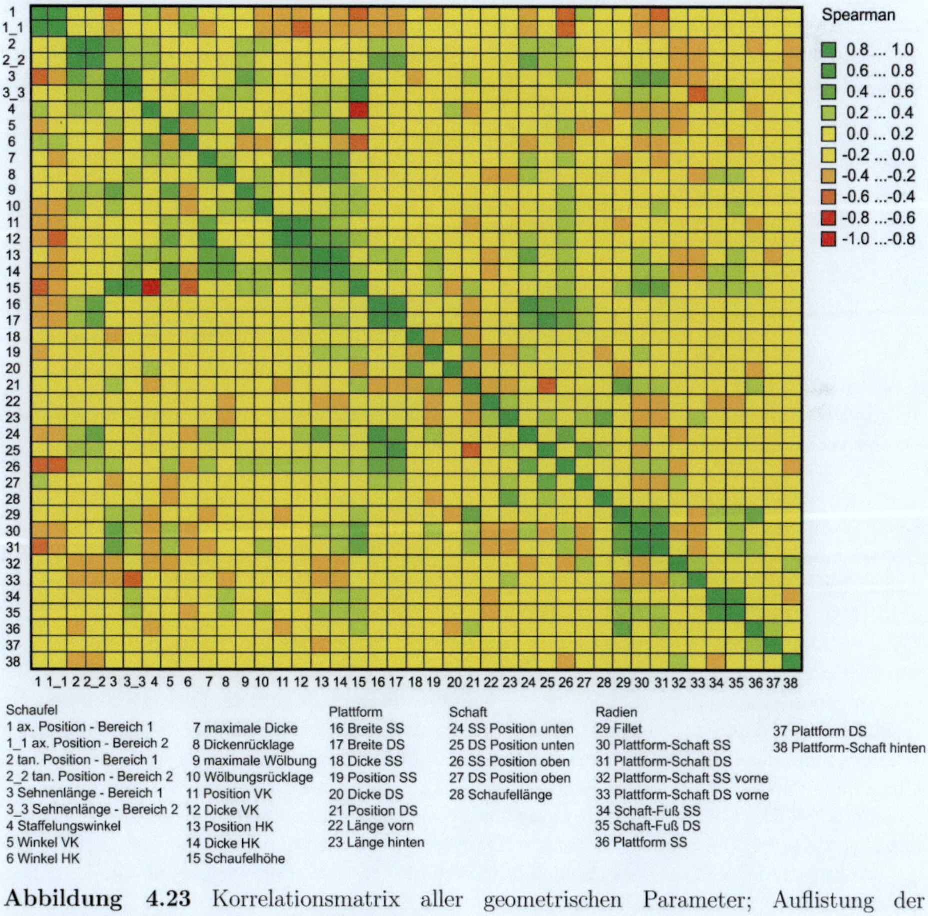

Abbildung 4.23 Korrelationsmatrix aller geometrischen Parameter; Auflistung der geometrischen Parameter nach Tabelle 3.1

Weiterhin können die Korrelationen der einzelnen Parameter untereinander ermittelt werden. Abbildung 4.23 zeigt die Korrelationsmatrix auf Basis der in Abschnitt 4.6.2 diskutierten

Mittelungsbereiche für den SPEARMAN-Rangkorrelationskoeffizienten. Die Korrelationsmatrix bildet zusammen mit den statistischen Parametern der stetigen Verteilungsfunktionen eine wesentliche Basis für die probabilistische Untersuchung.

4.6.4 Diskussion zu den statistischen Parametern

Die Korrelationsmatrix (Abbildung 4.23) ermöglicht einen globalen Eindruck der Zusammenhänge zwischen den geometrischen Parametern. Es lassen sich detaillierte Rückschlüsse auf die Fertigung und/oder die Abnutzung der Schaufeln erkennen. Anhand von zwei Beispielen sollen wichtige Erkenntnisse gezeigt werden.
Betrachtet man die Dicke des Schaufelblatts, so zeigt sich in der Korrelationsmatrix, dass es positive Korrelationen zwischen den Parametern "maximale Dicke" t_{max}, "Vorderkantendicke" b_{VK} und "Hinterkantendicke" b_{HK} gibt. Die Punktewolken in Abbildung 4.24 verdeutlichen den positiven Zusammenhang. Das bedeutet, dass bei Betrachtung aller gefertigten Schaufeln eine

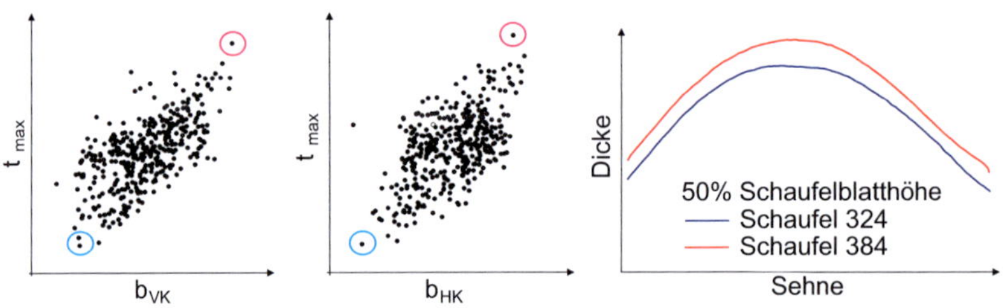

Abbildung 4.24 Punktewolken zwischen den Parametern "maximale Dicke" und "Vorderkantendicke" (links) und "maximale Dicke" und "Hinterkantendicke" (mitte) sowie die Dickenverteilungen von zwei ausgewählten Schaufeln bei 50% Schaufelblatthöhe (rechts)

Schaufel mit einer hohen maximalen Dicke auch eine hohe Vorderkantendicke und eine hohe Hinterkantendicke aufweist. Nun liegt die Vermutung nahe, dass die Schaufeln nicht nur an den drei Stützpunkten unterschiedliche Dicken mit den entsprechenden Korrelationen aufweisen, sondern im gesamten Schaufelblatt. Die Auswertung der vorhandenen Parameter hat diesen Zusammenhang bestätigt. In Abbildung 4.24 rechts sind die Dickenverteilungen von zwei ausgewählten Schaufeln bei 50% Schaufelblatthöhe dargestellt. Die Dickenverteilungen zeigen den positiven Zusammenhang zwischen der Vorderkantendicke zu Beginn der Dickenverteilung, der maximalen Dicke und der Hinterkantendicke am Ende der Dickenverteilung. Aus der Abbildung wird deutlich, dass der Verlauf zwischen den Stützpunkten ebenfalls den Korrelationen folgt. Diese Eigenschaft der Schaufeln kann auf den Fertigungsprozess zurückgeführt werden, siehe Abschnitt 2.4. Die Geometrie der Rohlinge, aus denen die Schaufelblätter geschmiedet werden, unterliegt ebenfalls Fertigungsstreuungen. Daher kann ein Zusammenhang zwischen der Dicke des Rohlings und der Dicke des Schaufelblatts vermutet werden. Für eine genaue Interpretation bedarf es jedoch weiterer Untersuchungen.

Eine weitere wichtige Erkenntnis aus der Korrelationsmatrix ist die Variation der Positionierung des Schaufelblatts auf der Plattform und dem Schaft. Deutlich wird dies durch die positiven Korrelationen der Parameter "tangentiale Position" tan_{Pos} und "tangentiale Position 2" tan_{Pos2} zu den Parametern "Plattformbreite Saugseite" b_{Pl}, "Plattformbreite Druckseite" b_{Pr}, "Schaftposition unten Druckseite" P_{Sl2} und "Schaftposition unten Saugseite" P_{Sr2}. Abbildung 4.25 stellt die positiven Korrelationen der Parameter untereinander dar. Der Zu-

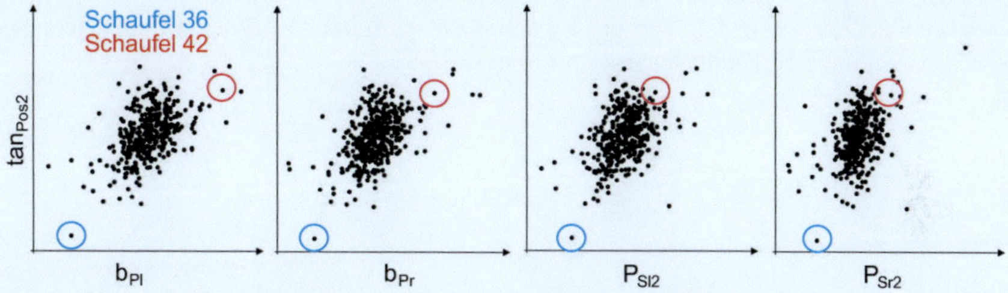

Abbildung 4.25 Diverse Punktewolken des Parameters "tangentiale Position 2" mit Plattform- und Schaftparametern

sammenhang zwischen den Parametern zeigt, dass eine Verschiebung des Schaufelblatts auch zu einer Verschiebung der Plattform und des Schafts führt. Zur Darstellung der Differenzen sind die entsprechenden Parameter der Schaufeln 36 (blau) und 42 (rot) eingekreist. In Abbildung 4.26 sind die beiden Schaufeln von Druckseite und Saugseite dargestellt. Durch die farbliche Markierung wird deutlich, dass Schaufel 36 (blau) gegenüber Schaufel 42 (rot) mit Schaufelblatt, Plattform und Schaft in Richtung Saugseite verschoben ist.

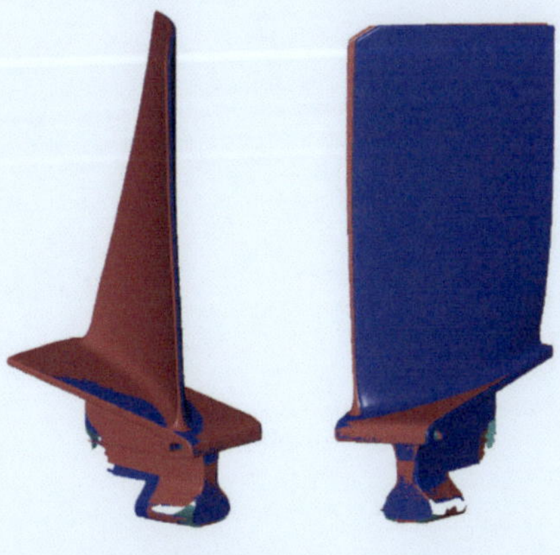

Abbildung 4.26 Geometrische Unterschiede der Schaufeln 36 (blau) und 42 (rot) an Schaufelblatt-, Plattform- und Schaftposition

Auch hier liegt ein Zusammenhang zur Fertigung der Schaufeln nahe. Aus der Abbildung wird deutlich, dass die für die Ausrichtung der Schaufeln zur Parametrisierung verwendeten Flächen im Schaufelfuss (siehe Abschnitt 2.5.5) von Schaufel 42 deutlich zu erkennen sind. Der Schaufelfuss von Schaufel 42 ist also dicker als von Schaufel 36. Kleine Abweichungen in der Fertigung des Schaufelfusses haben einen großen Einfluss auf die Ausrichtung der Schaufel und die berechneten Parameter. Weiterhin können Unterschiede der o.g. Parameter durch Abweichungen bei der Positionierung des Rohlings für den Fräsvorgang von Plattform, Schaft und Schaufelfuss hervorgerufen werden. Für eine exakte Interpretation sind auch hier weitere Untersuchungen zum Fertigungsprozess nötig.

5 Generierung von Verdichterschaufeln auf Basis geometrischer Parameter

Die Berücksichtigung digitalisierter Schaufeln für numerische Strömungs- bzw. Festigkeitsuntersuchungen gehört heute zu den Standardprozessen in der Turbomaschinenindustrie. Je nach Anwendung ist es möglich, aus den digitalisierten Schaufeln 3D-Flächen zu erzeugen und den CAD-Programmen zuzuführen. In den Veröffentlichungen von SCHOENENBORN et al. [78] und DUÓ et al. [26] werden diese Prozesse von der Digitalisierung zum diskretisierten Netz für FE-Untersuchungen detailliert vorgestellt. Durch die Berücksichtigung der realen Geometrien in der Simulation können am Computer Erfahrungen z.B. zum Einfluss von Fertigungsstreungen oder zu Einschlägen an der Vorderkante auf die Systemantworten gewonnen werden.
In dieser Arbeit soll mit einer probabilistischen Simulation Erfahrung zu den Fertigungsstreuungen eines Verdichterschaufeldesigns gewonnen und Gestaltungshinweise für ein robustes Design abgeleitet werden. Im Gegensatz zur direkten Geometrieberücksichtigung in der Simulation basiert die probabilistische Untersuchung auf stochastischen Eingangsparametern durch die die Fertigungsabweichungen beschrieben werden. Die statistischen Parameter der stochastischen Variablen wurden mit den in den Kapiteln 3 und 4 vorgestellten Methoden ermittelt. Für die probabilistische Untersuchung ist es nun zusätzlich erforderlich, die streuenden Parameter in einem Simulationsmodell zu berücksichtigen. Dieser Prozess wird in diesem Kapitel vorgestellt. Der gewählte Ansatz nach LANGE et al. [56] nutzt Δ-Parameter zum Wiederaufbau der Verdichterschaufelgeometrie. Durch die Δ-Parameter wird der geometrische Unterschied zwischen den gefertigten Schaufeln sowie einer Referenzgeometrie berücksichtigt. Dazu werden die für den Profilaufbau verwendeten Dicken- und Wölbungsverteilungen der Referenzgeometrie entsprechend den Δ-Parametern angepaßt.
Die Ermittelung einer Referenzgeometrie wird in Abschnitt 5.1 beschrieben. Der Prozess zur Geometrievariation wird in Abschnitt 5.2 vorgestellt. Anschließend wird in Abschnitt 5.3 auf den Prozess zur Berücksichtigung der erstellten Geometrien in einem existierenden FE-Netz eingegangen.

5.1 Mittelwertmodell

Der Ansatz zur Geometrievariation mittels Δ-Parametern basiert auf einer Referenzgeometrie. Damit verbunden ist indirekt auch die Anzahl der verwendeten geometrischen Parameter bzw. der Mittelungsbereiche. Als Referenzgeometrie eignet sich in der Regel das nominale Design, da es in der Charakteristik der Parameterverläufe den gefertigten Schaufeln entspricht. Idealerweise befindet sich der charakteristische Verlauf des nominalen Designs auf der charakteristischen Medianlinie der gefertigten Schaufeln. In der Realität verläuft die Parametercharakteristik des nominalen Designs jedoch nicht auf der Medianlinie der gefertigten Schaufeln. Der Grund hierfür ist, dass während der Zeichnungsableitung aus dem CAD-Design Fertigungstoleranzen definiert werden, die dem Fertigungsprozess und dem Kostenfaktor entsprechen. Deshalb entstehen Abweichungen zwischen der nominalen Design Charakteristik und der Medianlinie der gefertigten Schaufeln. Um diesen Effekt abzubilden bedarf es entweder mehrerer Mittelungsbereiche, was die Anzahl der Parameter erhöht, oder es wird anstatt des nominalen Designs auf eine gemittelte Fertigungsgeometrie zurückgegriffen. Dieser Ansatz soll in dieser Arbeit verfolgt werden.

Zur Berechnung der gemittelten Fertigungsgeometrie mit den entsprechenden Parametern $\mathbf{P_{Ref}}$ werden für jeden Profilschnitt die 50%-Quantile, die dem Medianwert entsprechen, der Parameter der gefertigten Schaufeln berechnet (siehe Abschnitt 2.8.2). Dadurch werden, unabhängig von Ausreißern, neue Stützpunkte in jeder Parametercharakteristik erzeugt, die der gemittelten Fertigungsgeometrie entsprechen. Abbildung 5.1 zeigt den Unterschied

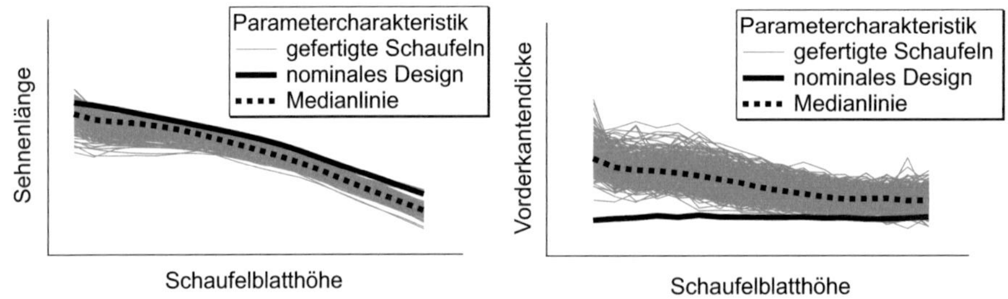

Abbildung 5.1 Parametercharakteristik von Sehnenlänge (links) und Vorderkantendicke (rechts) für alle gefertigten Schaufeln (grau), nominales Design (schwarz) und Mittelwertgeometrie (schwarz gestrichelt)

zwischen der Parametercharakteristik des nominalen Designs (schwarze Linie) und der gemittelten Fertigungsgeometrie (schwarz gestrichelt) für Sehnenlänge (linke Abbildung) und Vorderkantendicke (rechte Abbildung). Die grauen Linien entsprechen den Charakteristiken der gefertigten Schaufeln. Es ist einerseits zu Erkennen, dass die Medianlinie der gefertigten Schaufeln nicht dem nominalen Designs entspricht. Für die Sehnenlänge schließt das nominale Design am oberen Ende der gefertigten Schaufeln ab. Weiter zeigen bei einigen Parametern die Medianlinien der gefertigten Schaufeln eine komplett andere Charakteristik als das nominale Design. Deutlicher ist dieser Effekt bei der Vorderkantendicke auf der rechten Abbildung zu sehen. Die Vorderkantendicke der gefertigten Schaufeln nimmt entlang der Schaufelblatthöhe ab, während die Vorderkantendicke des nominalen Designs nahezu konstant bleibt.

Neben den Parametercharakteristiken müssen auch die Dickenverteilungen und Wölbungsverteilungen angepasst werden. Jede Dickenverteilung und Wölbungsverteilung der einzelnen Profilschnitte jeder Schaufel beinhaltet 500 diskrete Werte. Für jeden dieser Stützpunkte wird wieder das 50%-Quantile berechnet um die Mittelwertdicken- bzw. -wölbungsverteilung zu erhalten. Abbildung 5.2 zeigt beispielhaft für eine Dickenverteilung den Unterschied zwischen dem nominalen Design (schwarz) und der Mittelwertgeometrie (schwarz gestrichelt) sowie den gefertigten Schaufeln (grau). In der Abbildung wird deutlich, dass die Dickenverteilungen zwischen nominalem Design und Mittelwertgeometrie voneinander abweichen. Wie die Mittelwertcharakteristiken der Parameter, werden durch die Mittelwertverteilungen die geometrischen Effekte der realen Schaufeln für den Wiederaufbau besser abgebildet.

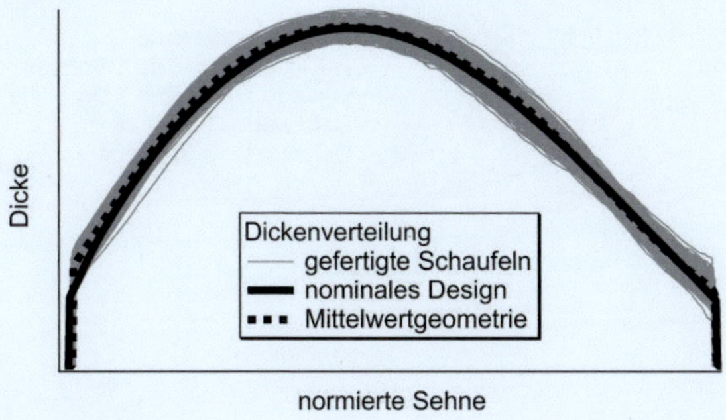

Abbildung 5.2 Dickenverteilung für einen Profilschnitt mit allen gefertigten Schaufeln (grau), nominales Design (schwarz) und Mittelwertgeometrie (schwarz gestrichelt)

5.2 Variation der Geometrie

Der Fokus der Geometrievariation liegt auf der zuverlässigen Generierung von gefertigten Schaufeln mit einer hohen Genauigkeit, d.h. die Abweichungen zwischen gefertigter Schaufel und generierter Schaufel so gering wie möglich zu halten. Die in Tabelle 3.1 aufgelisteten Parameter werden dabei entsprechend den ermittelten Fertigungsstreuungen variiert. Für Dicken- und Wölbungsverteilung werden zusätzlich Wichtungsfunktionen angewendet, um Änderungen an den Stützpunkten auf die benachbarten Bereiche zu übertragen.

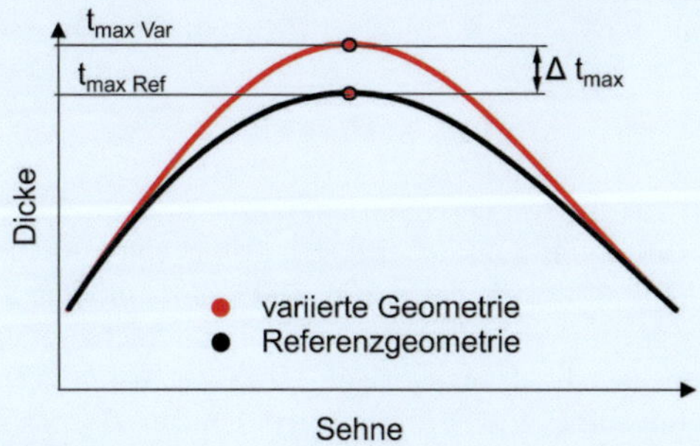

Abbildung 5.3 Variation der Dickenverteilung um Δt_{max}

Abbildung 5.3 zeigt eine variierte Dickenverteilung (rot) auf Basis einer Referenzgeometrie (schwarz), die in der Arbeit der Mittelwertgeometrie entspricht. Der Punkt der maximalen Dicke der Referenzgeometrie $t_{max\ Ref}$ wird um den Parameter Δt_{max} in positiver Richtung zum Punkt $t_{max\ Var}$ angepasst. Die angrenzenden Bereiche zwischen den Stützpunkten der maximalen Dicke sowie der Vorderkanten- bzw. Hinterkantendicke werden entsprechend den Wichtungsfunktionen verschoben. Dadurch entsteht die variierte Dickenverteilung.
Die für die Variation der Parameter verwenden Δ-Werte eines jeden Profilschnittes werden aus einer Δ-Parametercharakteristik abgeleitet. Wie auch die Parametercharakteristik, beschreibt die Δ-Parametercharakteristik den Verlauf der Δ-Werte eines Parameters über die gesamte

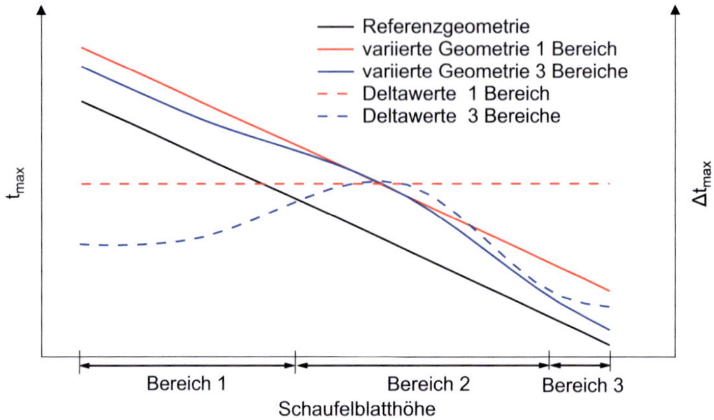

Abbildung 5.4 Darstellung der Geometrievariation am Beispiel maximale Dicke t_{max} für einen Mittelungsbereich (rote Linien) und drei Mittelungsbereiche (blaue Linien) auf Basis einer Referenzgeometrie (schwarze Linie)

Schaufelblatthöhe bzw. entlang eines Richtungsvektors. Diese setzt sich aus definierten Mittelungsbereichen sowie den dazugehörigen Δ-Parametern zusammen. Auf Abbildung 5.4 ist die Vorgehensweise am Beispiel einer Variation der Charakteristik der maximalen Dicke t_{max} dargestellt. Die schwarze Linie entspricht der Parametercharakteristik einer Referenzgeometrie. Auf diese Charakteristik wird an den einzelnen Stützstellen die Δ-Parametercharakteristk addiert.

$$\mathbf{P_{Var}} = \mathbf{P_{Ref}} + \mathbf{\Delta P} \tag{5.1}$$

Auf der Abbildung sind die Δ-Parametercharakteristiken für zwei Fälle dargestellt. Die rote gestrichelte Linie stellt die Δ-Parametercharakteristik für einen Mittelungsbereich von Nabe bis Gehäuse dar. Die Charakteristik entspricht einer horizontalen Linie. Weiterhin ist die Δ-Parametercharakteristik für drei Mittelungsbereiche durch eine blau gestrichelte Linie dargestellt. Auf der Abszisse sind die dazugehörigen Mittelungsbereiche für dieses Beispiel eingezeichnet. Die Δ-Parametercharakteristik für mehrere Bereiche B setzt sich aus den Stützpunkten P mit dazugehörigen Δ-Parameter Δt_{max} in der Mitte des Mittelungsbereichs zusammen. Zu Beginn und Ende der Δ-Charakteristik wird zusätzlich ein Δ-Parameter auf Basis der benachbarten Δ-Parameter eingeführt, wodurch sich die Stützpunktdaten um zwei erhöhen. Die Δ-Charakteristik wird schließlich mittels B-Spline $C(u)$ (siehe Abschnitt 2.3) nach

$$C(u) = \sum_{i=0}^{B+2} N(u)\ P_i \quad 0 < u < 1 \tag{5.2}$$

für alle Profilschnitte berechnet. Der Einfluss der Stützpunkte untereinander ist über die Basisfunktion $N(u)$ definiert. In der Abbildung sind zwei Variation der Parametercharakteristik für einen Bereich (rote Linie) und drei Bereiche (blaue Linie) dargestellt.

5.3 Prozesskette zur Generierung von 3D-FE-Modellen mit Δ-Parametern

Für die probabilistische Untersuchung zur hochzyklischen Ermüdung ist es notwendig, die geometrische Variabilität der gefertigten Schaufeln auf ein FE-Netz zu übertragen. Ausgehend von einer Referenzgeometrie und den Δ-Parametern ist hier ein Prozesskette notwendig, in die mehrere kommerzielle und eigenentwickelte C/C++ Anwendungen integriert werden müssen. Alle für die Prozesskette verwendeten Anwendungen müssen automatisiert im Batchmodus steuerbar sein. Weiterhin sind Schnittstellen zwischen den einzelnen Programmen zur Datenübergabe notwendig. Die folgende Auflistung gibt einen kurzen Überblick über die verwendeten Programme. Anschließend wird auf die einzelnen Schritte der Prozesskette eingegangen.

- Parameter2Blade
  aufbauend auf den Arbeiten von LANGE [55] innerhalb der Arbeit zur Erstellung von parametrischen Profilschnitten für das Schaufelblatt und die Plattform entwickelt
- NX 7.5 – Siemens PLM
  Erstellen von dreidimensionalen Flächen für Schaufelblatt, Fillet und Plattform
- Hypermesh – Altair Hyperworks 11.0
  Geometrieanpassung eines Referenz FE-Modells mittels Meshmorphing

Zweidimensionaler Profilaufbau

Zur Erstellung der 2D-Profilschnitte werden die normierten Wölbungsverteilungen entsprechend den Sehnenlängen angepasst und um den Staffelungswinkel gedreht. Danach werden auf der Wölbungslinie Kreise auf Basis der Dickenverteilung erstellt. Die Kreise werden anschließend tangential auf Saug- und Druckseite miteinander verbunden, wobei die Schnittpunkte der Tangente mit den Kreisen die neuen Profilpunkte definieren. Danach wird an Vorder- und Hinterkante eine Ellipse erstellt. Abschließend werden die Profilschnittpunkte gleichmäßig verteilt.

Abbildung 5.5 stellt die zur Profilgenerierung verwendeten Kreise eines Profiles entlang der Wölbungslinie dar. Der Übersicht wegen ist die Anzahl der Kreise reduziert wurden.

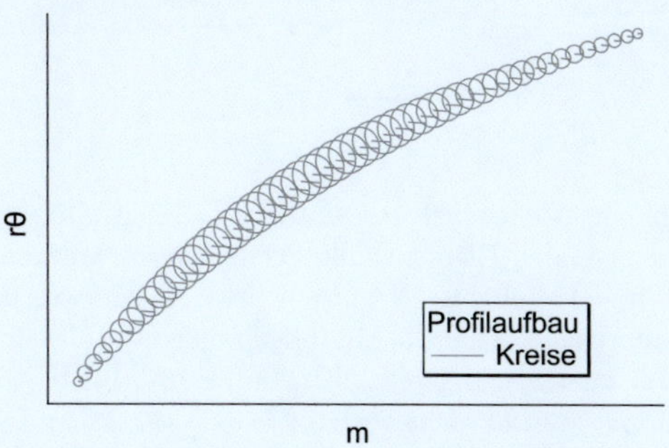

Abbildung 5.5 Erstellen der variierten 2D-Profilschnitte auf Basis von Kreisen

Erstellen der 3D-Flächen

Die dreidimensionalen Flächen werden mit dem CAD-Programm NX 7.5 von Siemens PLM erstellt. Zur Erzeugung werden die Stützpunkte der Profilschnitte für das Schaufelblatt und für die Plattform genutzt. Dabei ist es zwingend erforderlich, eine gleichmäßige Diskretisierung der Profilschnittpunkte entlang der Schaufelblatthöhe bzw. der Plattform zu gewährleisten um Artefakte zu vermeiden. Weiterhin wirkt sich eine Erhöhung der Stützpunktanzahl positiv auf die Genauigkeit der erstellten Flächen aus. In Abbildung 5.6 sind die Profilschnitte für das Schaufelblatt und für die Plattform dargestellt. Zur Erzeugung des Übergangs (Fillet) zwischen Schaufelblatt und Plattform muß die Schaufelblattfläche bis zur Plattform verlängert werden. Anschließend kann eine Verrundung zwischen den beiden Flächen mit einem konstanten Radius erstellt werden. In Abbildung 5.6 sind die erzeugten Flächen dargestellt. Die in NX erstellten Flächen bilden die Basis zur Übertragung der geometrischen Streuungen auf das Referenz FE-Netz.

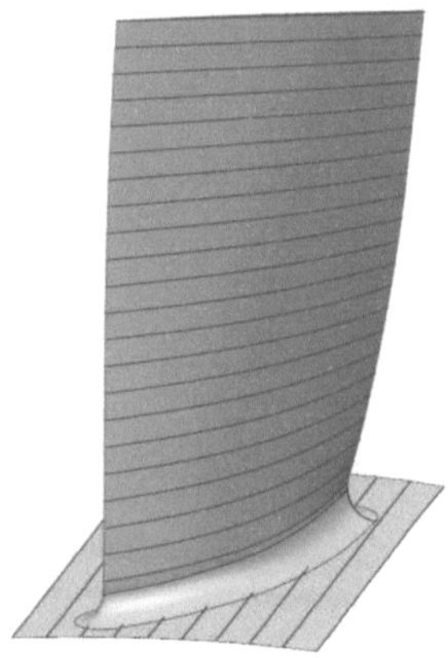

Abbildung 5.6 Erstellen der 3D-Flächen für Schaufelblatt, Plattform und Fillet mit der Softwareumgebung NX 7.5

FE-Meshmorphing

Zur Übertragung der geometrischen Effekte wurde sich innerhalb der Arbeit für das Meshmorphing einer dreidimensionalen Elementhülle entschieden. Dadurch wird die interne Nummerierung der Knoten für jede beliebige Variation beibehalten, was die Auswertung der probabilistischen Simulation erleichtert. Das Meshmorphing ist zulässig, da die geometrischen Unterschiede im Vergleich zur Elementgröße klein sind. Damit bleibt die Qualität der Elemente erhalten und die Ergebnisse werden nicht verfälscht.

Das Meshmorphing basiert für Schaufelblatt, Fillet und Plattformoberseite auf den mit NX erstellten dreidimensionalen Flächen. Für Geometrieänderungen an anderen Bereichen der Plattform und im Schaufelfuß wird auf Meshmorphingskripte innerhalb der Softwareumgebung Hypermesh von Altair Hyperworks zurückgegriffen. Abbildung 5.7 zeigt zwei verschiedene FE-

Netze nach dem Meshmorphing nach HEINZE et al. [43]. Der Unterschied zwischen den beiden Netzen wird an der Plattformdicke und der Filletgröße deutlich.

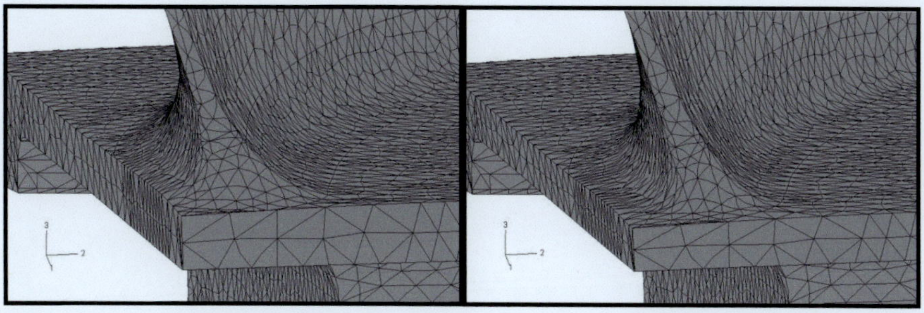

Abbildung 5.7 Geometrievariation eines FE-Netzes mittels Meshmorphing an Plattformdicke und Filletgröße, HEINZE et al. [43]

6 Validierung der Methodik

In den bisherigen Kapiteln wurden die Methoden zur Parametrisierung der digitalisierten Schaufeln (Kapitel 3), zur Bewertung der Geometrie und der statistischen Auswertung (Kapitel 4) sowie zum Wiederaufbau der digitalisierten Schaufeln (Kapitel 5) vorgestellt. Diese Prozesse bilden die Grundlage für die probabilistische Untersuchung in Kapitel 7, in der der Einfluss der Fertigungsstreuungen auf die hochzyklische Ermüdung ermittelt werden soll. Um eine Aussage zur Qualität der Ergebnisse zu erhalten soll in diesem Kapitel eine Überprüfung der bisher vorgestellten Methoden zur Parametrisierung und zum Wiederaufbau erfolgen.
Dazu werden in Abschnitt 6.1 alle digitalisierten Schaufeln auf Basis der aus der geometrischen Parametrisierung gewonnenen Daten wiederaufgebaut. Anschließend werden die Abweichungen der digitalisierten Schaufeln zu diesen parametrischen Modellen sowie zum nominalen Design berechnet und miteinander verglichen. In Abschnitt 6.2 werden die modalen Parameter Eigenfrequenz und Eigenform der wiederaufgebauten Schaufeln mit den realen Schaufeln verglichen. Dafür wurde eine experimentelle sowie eine numerische Modalanalyse von 10 repräsentativen Schaufeln durchgeführt. Anschließend werden in Kapitel 6.3 die Ergebnisse zusammengefasst.

6.1 Genauigkeit des Wiederaufbaues

Für die Sensitivitätsanalyse ist es von Vorteil, die geometrischen Effekte mit möglichst wenig Parametern zu beschreiben. Dadurch bleibt die statistische Auswertung übersichtlich und die physikalische Interpretation der Ergebnisse wird vereinfacht. Es muss jedoch berücksichtigt werden, dass durch die Reduzierung der für den Wiederaufbau verwendeten geometrischen Parameter von 676 auf 41 die realen geometrischen Effekte in ihrer Komplexität nicht vollständig berücksichtigt werden können. Um einen Eindruck zu erhalten, mit welcher Genauigkeit die Geometrie der gefertigten Schaufeln mit 41 Parametern abgebildet werden kann, sind alle digitalisierten Schaufeln mit den bisher vorgestellten Prozessen parametrisch wiederaufgebaut wurden. Jedes parametrische Modell liegt als FE-Netz vor, dessen interne Knotennummerierung identisch ist. An den Knoten der FE-Netze werden die Abweichungen zur digitalisierten Schaufel berechnet. Zur Einschätzung der Abweichungen zwischen den digitalisierten Schaufeln und dem parametrischen Modellen werden zusätzlich die Abweichungen zwischen den digitalisierten Schaufeln und dem nominalen Design berechnet. Die Abweichungen werden an der diskretisierten Geometrie des nominalen Designs berechnet.
Damit liegt an jedem Knoten des FE-Netzes sowie an jedem Punkt der diskretisierten nominalen Designgeometrie eine diskrete Verteilung mit den Abweichungen zu den digitalisierten Schaufeln vor. Für jede Verteilung wurde der Mittelwert sowie die Standardabweichung berechnet. Abbildung 6.1 zeigt in der oberen Reihe die Mittelwertabweichungen des nominalen Designs zu den digitalisierten Schaufeln. Zum Vergleich sind in der untere Reihe die Mittelwertabweichungen zwischen den parametrischen Modellen der wiederaufgebauten Schaufeln zu den digitalisierten Schaufeln dargestellt. Die farbliche Kodierung der Abweichungen beträgt $\pm 0.3\ mm$, wobei dunkelrote und dunkelblaue Bereiche die Grenzwerte der Skala darstellen. In

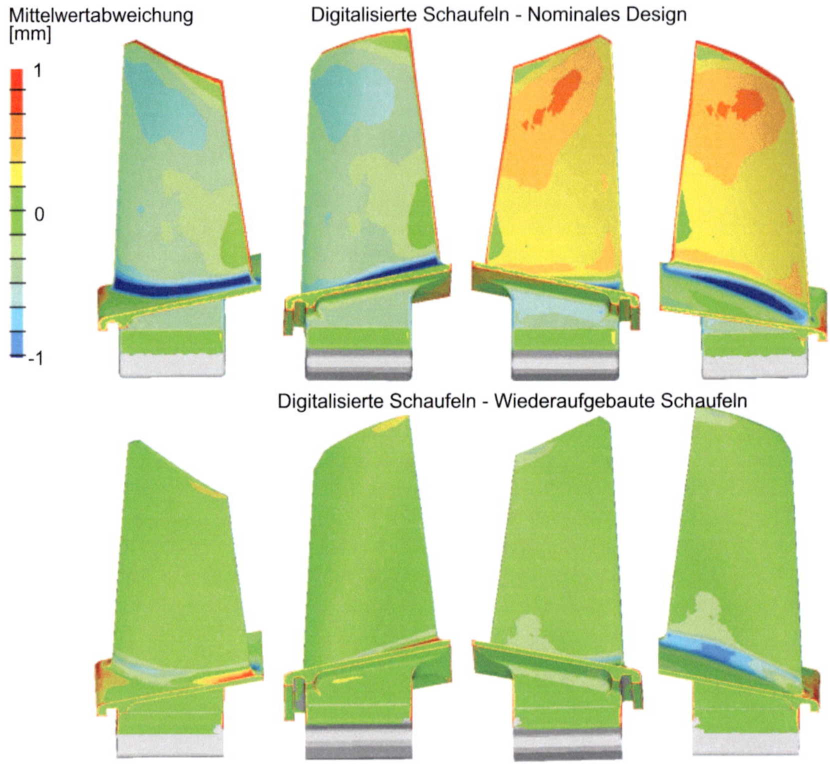

Abbildung 6.1 Mittelwertabweichung der digitalisierten Schaufeln zum nominalen Design (oben) und zur generierten Schaufel (unten)

grünen Bereichen ist die Abweichung maximal $\pm 0.05\ mm$.

An den Abweichungen im Schaufelblatt zeigt sich, dass das Schaufelblatt der digitalisierten Schaufeln gegenüber dem nominalen Design in Umfangsrichtung verschoben ist. Die gelb eingefärbte Druckseite sowie die blau eingefärbte Saugseite deuten auf eine Neigung der digitalisierten Schaufeln in Richtung Saugseite. Weiterhin zeigt sich anhand der farblichen Kodierung im Schaufelblatt, dass die Abweichungen auf Saugseite und auf Druckseite einen unterschiedlichen absoluten Wert aufweisen. Während die hellblauen Bereiche auf der Saugseite eine Abweichung von $0.15\ mm\ -\ 0.2\ mm$ anzeigen, sind die Abweichungen der gelben Bereiche auf Druckseite lediglich $0.05\ mm\ -\ 0.1\ mm$ stark. Zur Schaufelspitze hin werden die Abweichungen größer, bleiben aber in ihrer Differenz nahezu konstant. Dieser Unterschied deutet auf dickere Schaufelblätter der digitalisierten Schaufeln hin, was auch schon in der statistischen Auswertung der Parameter "maximale Dicke", "Vorderkantendicke" und "Hinterkantendicke" (siehe Abschnitt 4.6.3 und 4.6.4) deutlich wurde. Weiterhin sind große Abweichungen im Bereich des Fillets zu erkennen. Der Fillet ist in Umfangsrichtung durchgehend dunkelblau eingefärbt, was Abweichungen über $0.3\ mm$ anzeigt. Weiter zeigen sich rote Färbungen im Bereich der Hinterkante und an der Schaufelspitze, die durch kürzere Sehnen und eine geringere Schaufelhöhe hervorgerufen werden. Im Bereich der Plattform zeigen sich lediglich Abweichungen bis 0.1 mm, im vorderen Bereich an der Stapelungslinie des Schaufelblatts bis 0.3 mm. Die Abweichungen im Schaufelfuss im oberen Schaftbereich von ca. 0.2 mm resultieren aus einer Aufdickung, die im CAD-Modell nicht berücksichtigt ist. An den grauen Bereichen im Schaufelfuss wurden keine Abweichungen berechnet, da die Schaufeln in diesem Bereich zur Digitalisierung in einer Haltevorrichtung fixiert waren. Insgesamt lässt sich für das Schaufelblatt und den Fillet feststellen, dass die Abweichungen des nominalen Design zum Schaufelblatt größer sind als für den Schaufelfuß. Der Grund hierfür liegt im Fertigungsprozess, der für das geschmiedete Schaufelblatt mit größeren Streuungen verbunden ist als für den gefrästen Schaufelfuss, Abschnitt 2.4. Zudem werden Abweichungen durch manuelle Bearbeitungsschritte des geschmiedeten Schaufelblatts hervorgerufen (z.B. Bearbeiten der Vorder- und Hinterkante).

In Abbildung 6.1 sind die Mittelwertabweichungen der mit 41 Parametern wiederaufgebauten Schaufeln zu den digitalisierten Schaufeln dargestellt. Die grüne Färbung in Schaufelblatt, Plattform und Schaufelfuss zeigt, dass die Abweichungen gegenüber der oberen Abbildung reduziert werden konnten. Die Abweichungen betragen überwiegend ± 0.05 mm. Die Abweichungen im Schaufelblatt, die aus der Neigung des Schaufelblatts, der größeren Schaufelblattdicke sowie der geringeren Sehnenlänge und der geringeren Schaufelblatthöhe resultieren, wurden mit der bestehenden Parametrisierung stark reduziert. Die Abweichungen an der Plattform und im Schaufelfuß wurden ebenfalls reduziert. Im Bereich des Fillets sowie an der Stapelungslinie im Bereich der Plattform sind größere Abweichungen zu erkennen, wodurch auch die Grenzen der angewendeten Parametrisierung deutlich werden. Obwohl die Abweichung des Fillets reduziert werden konnte, reicht ein Parameter nicht aus, um die komplette geometrische Komplexität zu berücksichtigen.

Parameter	nominales Design	parametrischer Wiederaufbau
Median [mm]	-0.007	-0.008
IQR [mm]	0.202	0.047

Tabelle 6.1 Statistische Parameter der digitalisierten Schaufeln zum Mittelwert der Abweichungen

Um die Qualität der parametrisch wiederaufgebauten Schaufeln zu quantifizieren werden die statistischen Parameter Median und Interquartilbreite IQR aus den Mittelwertabweichungen berechnet, Abschnitt 2.8.2. Die Interquartilbreite gibt im Gegensatz zur Standardabweichung einen besseren Eindruck zur Streuung der Mittelwertabweichung, da der Einfluss von lokal begrenzten Abweichungen (z.B. Vorderkante Plattform) minimiert wird. In Tabelle 6.1 sind die statistischen Parameter zusammengefasst. Der Median beträgt für beide Datensätze ≈ -0.007 mm. Der Interqartilbereich beträgt zwischen nominalen Design und digitalisierten Schaufel 0.202 mm und zwischen parametrisch wiederaufgebauten Schaufeln und digitalisierten Schaufeln 0.047 mm. Die Mittelwertabweichung konnte also um den Faktor 4.3 reduziert werden.

In Abbildung 6.2 sind nun die Standardabweichungen der Abweichungen der digitalisierten Schaufeln zum nominalen Design (obere Reihe) und zu den parametrisch wiederaufgebauten

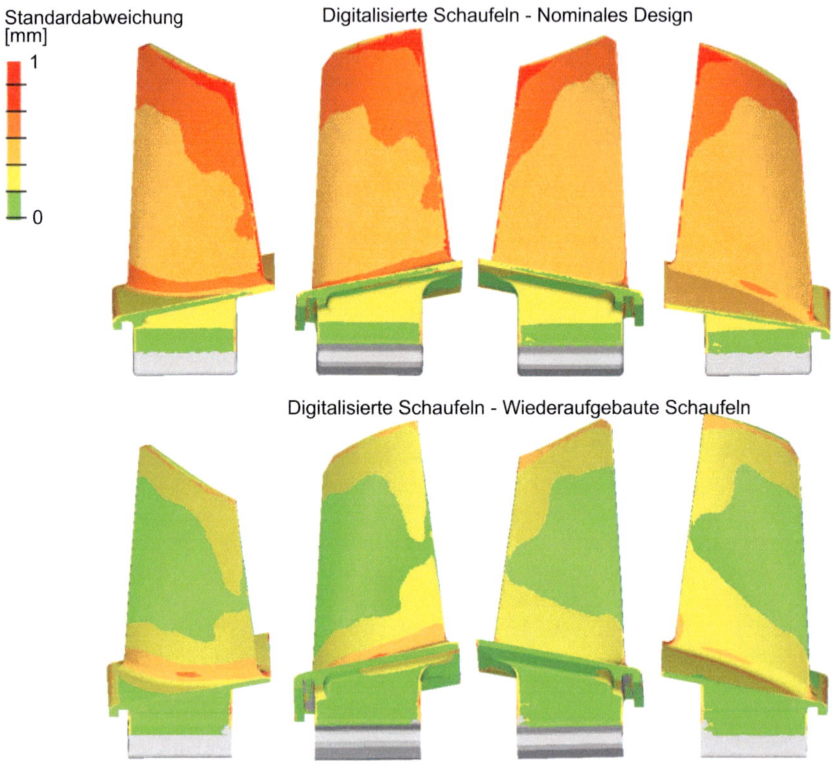

Abbildung 6.2 Standardabweichungen der digitalisierten Schaufeln zum nominalen Design (oben) und zur generierten Schaufel (unten)

Schaufeln (untere Reihe) dargestellt. Die farbliche Kodierung orientiert sich an Abbildung 6.1, wobei die Standardabweichung nicht für negative Werte definiert ist. Anhand der Abweichungsbilder können weitere Erkenntnisse zur Qualität des parametrischen Wiederaufbaus gewonnen werden, da die Standardabweichung ein Maß dafür ist, wie die Variabilität der digitalisierten Geometrien reproduziert werden kann. So zeigen die Standardabweichungen im Schaufelblatt zwischen dem nominalen Design und der digitalisierten Schaufeln Werte bis 0.15 mm im unteren, bis 0.2 mm im oberen Schaufelbereich und bis 0.25 mm an der Schaufelspitze. Auf der Plattformoberseite treten ebenfalls Standardabweichungen bis 0.15 mm auf und im Schaufelfuss bis 0.1 mm. Für die parametrisch wiederaufgebauten Schaufeln konnten die Abweichungen deutlich reduziert werden. Die größten Abweichungen sind bis 0.15 mm im Fillet zu finden, wobei die Standardabweichung in großen Bereichen des Schaufelblatts sowie im Schaufelfuss auf unter 0.05 mm gesenkt werden konnte. Lediglich auf der Plattformoberseite, sowie in der Nähe des Fillets und der Schaufelspitze muss mit Standardabweichungen bis 0.1 mm gerechnet werden. Wie schon in der Abbildung 6.1 wird deutlich, dass die angewendete Parametrisierung nicht ausreicht, um die Komplexität des Fillets zu erfassen bzw. zu reproduzieren. Weiterhin zeigen die Ergebnisse, dass mit zwei Parametern zur tangentialen Position die Variabilität in der Mitte des Schaufelblatts gut abgebildet werden kann. Zur besseren Abbildung der geometrischen Variabilität im unteren Bereich des Schaufelblatts sowie an der Schaufelspitze sind jedoch zusätzliche Parameter notwendig. Analog zu 6.1 sind im Schaufelfuss keine Werte dargestellt, da an dieser Position die Schaufeln zur Digitalisierung in einer Haltevorrichtung fixiert wurden.

Tabelle 6.2 gibt eine Übersicht zu den statistischen Parametern Median und Interquartilbreite IQR der Standardabweichungen. Der Median der Standardabweichungen konnte von 0.124 mm zwischen den digitalisierten Schaufeln und dem nominalen Design um den Faktor 2,6 auf 0.047 mm zwischen den digitalisierten und den parametrisch wiederaufgebauten Schaufeln reduziert werden. Die Interquartilbreite konnte um mehr als die Hälfte von 0.077 mm auf 0.035 mm gesenkt werden. Mit der entwickelten Prozesskette kann also auch die geometrische Variabilität der gefertigten Schaufeln berücksichtigt werden. Sowohl der Median als auch die Interquartilbreite konnten gegenüber dem nominalen Design reduziert werden.

Parameter	nominales Design	parametrischer Wiederaufbau
Median [mm]	0.124	0.047
IQR [mm]	0.077	0.035

Tabelle 6.2 Statistische Parameter der digitalisierten Schaufeln zur Standardabweichung der Abweichungen

Die in diesem Abschnitt gezeigten Abweichungen sind sowohl durch den parametrischen Ansatz zur Erfassung der geometrischen Effekte als auch durch die Reduktion der Parameter bestimmt. Durch eine Erhöhung der geometrischen Parameter lassen sich die Abweichungen der Mittelwerte und Standardabweichungen zwischen den digitalisierten und den parametrisch wiederaufgebauten Schaufeln weiter reduzieren. Zusätzliche geometrische Parameter (z.B. weitere Parameter der Dickenverteilung) bewirken mehr Freiheiten bei dem parametrischen Aufbau der digitalisierten Schaufeln. Eine Erhöhung der Mittelungsbereiche erzeugt ebenfalls zusätzliche Freiheiten beim radialen Aufbau der Schaufeln. Jedoch wird durch die Erhöhung der geometrischen Parameter die statistische Auswertung erschwert, da die Ergebnisse verwischt werden. Eine weitere Möglichkeit die Abweichungen zwischen den digitalisierten und den parametrisch wiederaufgebauten Schaufeln zu reduzieren, besteht darin, nur einzelne Schaufeln eines Triebwerks parametrisch wiederaufzubauen. Die statistische Auswertung hat gezeigt, dass einzelne Triebwerke innerhalb der Flotte gruppiert sind.

6.2 Vergleich der modalen Parameter aus Experiment und Simulation

Neben dem Vergleich der geometrischen Abweichungen zwischen den parametrisch wiederaufgebauten Schaufeln und den digitalisierten Schaufeln besteht eine weitere Validierungsmöglichkeit darin, inwieweit die realen modalen Parameter auch in der Simulation abgebildet werden können. Diese Parameter sind für die Beurteilung der Ergebnisse aus der probabilistischen Untersuchung von hohem Interesse.

Zur Validierungsuntersuchung wurde ein Satz von 10 repräsentativen Verdichterschaufeln ausgewählt. Die Schaufeln decken die geometrische Variabilität der Schaufelblattdicke ab, da dieser Parameter einen großen Einfluss auf die Eigenfrequenzen hat. An allen 10 Schaufeln wurden experimentell die Eigenfrequenzen ermittelt, an zwei Schaufeln zusätzlich die Eigenformen. Die Geometrie der 10 ausgewählten Schaufeln wurde parametrisiert, statistisch ausgewertet und mit 41 Parametern wiederaufgebaut. An den 10 parametrisch wiederaufgebauten Schaufeln sowie den jeweiligen digitalisierten Schaufel, die alle geometrischen Effekte beinhalten, wurden die Eigenfrequenzen und Eigenformen numerisch ermittelt. Die Untersuchungen wurden für die Moden 1-10 durchgeführt.
In den folgenden Abschnitten wird zunächst auf die experimentelle Modalanalyse eingegangen. Die verwendete Technik wurde bereits in Abschnitt 2.7.4 vorgestellt. Anschließend werden die Modelle und Ergebnisse zur numerischen Modalanalyse diskutiert. Im letzten Abschnitt erfolgt ein Vergleich zwischen den Ergebnissen aus experimenteller und numerischer Modalanalyse.

Experimentelle Modalanalyse

Die experimentelle Modalanalyse wurde am Lehrstuhl für Strukturmechanik und Fahrzeugschwingungen der Brandenburgischen Technischen Universität in Cottbus durchgeführt.

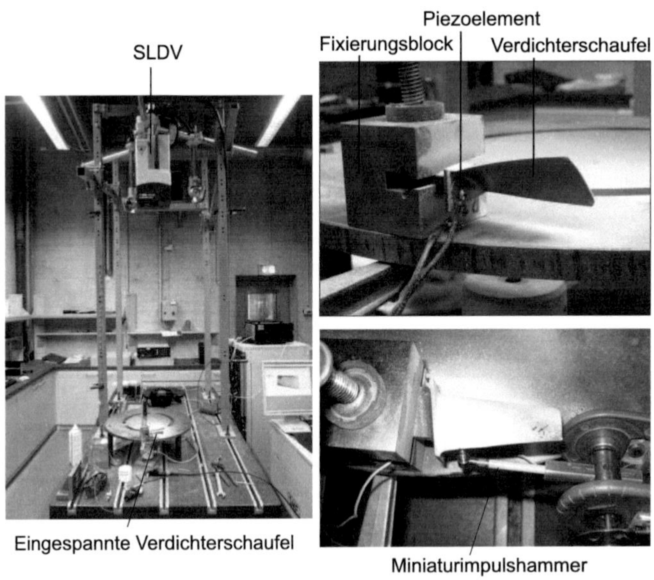

Abbildung 6.3 Aufbau zur experimentellen Modalanalyse; Links: SLDV mit eingespannter Schaufel; Rechts: Detaillierte Ansicht der eingespannten Schaufel mit Piezoelement (oben) und Miniaturimpulshammer (unten)

Abbildung 6.3 links zeigt den Versuchsaufbau mit Verdichterschaufel, Fixierungsblock und Scanning Laser-Doppler-Vibrometer (SLDV). Die Verdichterschaufeln wurden für die experimentelle Modalanalyse in einem Aluminiumblock fixiert. Dazu wurde aus dem Block entsprechend den Abmessungen der Schwalbenschwanzgeometrie des Schaufelfusses ein Gegenstück zur Aufnahme der Verdichterschaufeln ausgefräst. Abbildung 6.3 zeigt rechts oben die eingespannte Schaufel in dem Aluminiumblock. Die Positionierung der Schaufeln in diesem Fixierungsblock erfolgte an den Stirnflächen des Schwalbenschwanzfusses. Zur Verspannung der Schaufel wurde gegen die Schaufelunterseite ein Metallplättchen mit einem definierten Anzugsmoment von 12 Nm verschraubt. Der Block inkl. Schaufel wurde schließlich auf einem Tisch unterhalb einem SLDV positioniert. Bei der räumlichen Orientierung muss darauf geachtet werden, dass das gesamte Schaufelblatt für den SLDV frei zugänglich ist, um die Bewegungen des Schaufelblatts deutlich zu erfassen. Zur Fokussierung des SLDV auf der Schaufeloberfläche ist das Auftragen einer reflexionshemmenden Schicht notwendig. Der für die Untersuchung erforderliche Frequenzanalysator zur Messdatenerfassung und Steuerung des Messablaufs ist nicht abgebildet. Die Anregung der Schaufel erfolgte für zwei Schaufeln mittels eines Piezoelements (siehe Abschnitt 2.7.4), dass im hinteren Bereich der Plattformoberfläche aufgeklebt wurde, Abbildung 6.3 rechts oben. Die durch das Piezoelement erzeugten Schwingungen wurden mit dem SLDV detektiert. Mit diesem Aufbau können automatisiert Eigenfrequenzen und Eigenformen ermittelt werden. Für die restlichen Schaufeln erfolgte die Anregung mittels Miniaturimpulshammer (Abbildung 6.3 rechts unten).

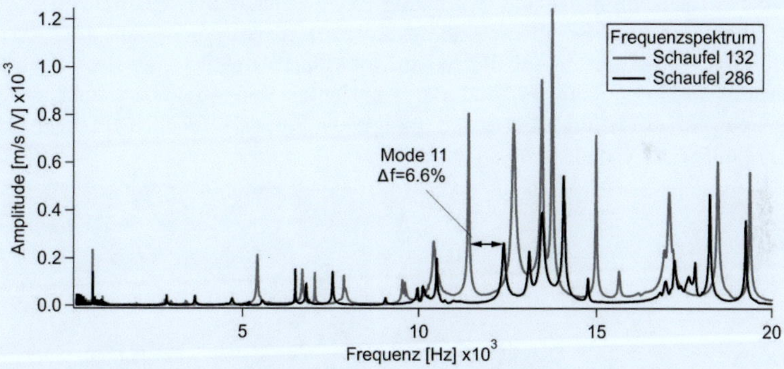

Abbildung 6.4 Frequenzsprektrum von 0-20 kHz für zwei Verdichterschaufeln

Auf Abbildung 6.4 ist das Frequenzspektrum der zwei Schaufeln dargestellt, die mit dem Piezoelement angeregt wurden. An den Ausschlägen des Frequenzverlaufs können die Eigenfrequenzen der Verdichterschaufeln abgelesen werden. Im Bereich bis 1 kHz sind mehrere Ausschläge zu erkennen. Neben den Eigenfrequenzen der Schaufel sind hier zusätzlich die Eigenfrequenzen des Fixierungsblocks abgebildet. In der Darstellung ist deutlich zu sehen, dass große Differenzen in den Eigenfrequenzen vorhanden sind. Die Differenzen der Eigenfrequenzen zwischen beiden Schaufeln sind sowohl positiv als auch negativ. Die minimale Differenz zwischen den Eigenfrequenzen liegt bei 0.4% im Mode 1. Die maximale Differenz zwischen den Eigenfrequenzen liegt bei 6.6% im Mode 11.

Für weitere acht repräsentative Schaufeln wurden die Eigenfrequenzen mit einem Miniaturimpulshammer ermittelt. Die Schwingung der Schaufel wurde im Gegensatz zum automatisierten Prozess mittels Piezoelement nur an einem Punkt im Bereich Schaufelspitze/Hinterkante ermittelt. In Abbildung 6.3 rechts unten ist der Laser des SLDV zur Schwingungsdetektierung an dem roten Punkt erkennbar. Ist die Schwingung der Schaufel für einen Mode in diesem

Bereich nicht ausgeprägt, kann die Eigenfrequenz mit dieser Konfiguration nicht ermittelt werden. Die Auswertung der Daten hat gezeigt, dass es nur möglich ist, die Moden 1-10 sicher zu bestimmen. Aufgrund der teilweise fehlenden Eigenfrequenzen ist oberhalb von Mode 10 keine exakte Modezuordnung mehr möglich.

Experiment	M1	M2	M3	M4	M5	M6	M7	M8	M9	M10
Min[Hz]	722	1795	2826	3605	5383	6472	6820	7421	9056	10144
Max[Hz]	760	1993	2928	4099	5662	7084	7252	7954	9677	11182
Δ[Hz]	38	198	102	494	279	612	432	533	621	1038
Δ[%]	5	10	3	12	5	9	6	7	6	9

Tabelle 6.3 Minimale, maximale Eigenfrequenzen und die Differenz der experimentellen Modalanalyse für die Moden 1-10

In Tabelle 6.3 sind die minimalen und maximalen Eigenfrequenzen sowie die Differenz der 10 untersuchten Schaufeln für die Moden 1-10 zusammengefasst. Die aufgelisteten Eigenfrequenzen zeigen Abweichungen untereinander von 3% im Mode 3 bis zu 12% im Mode 4. Die Differenzen zwischen minimaler und maximaler Eigenfrequenz betragen im Mittel 7%.
Weiterhin wurde von zwei Schaufeln eine ausführliche Eigenformuntersuchung durchgeführt. Dazu wurde ein Abtastmuster auf der Schaufeloberfläche definiert, zu dem mit dem SLDV die Amplitude aus dem Antwortsignal der transienten Anregung berechnet werden kann, siehe Abschnitt 2.7.4. Dadurch ist es mit geeigneter Software möglich die Eigenformen der Verdichterschaufeln zu visualisieren.

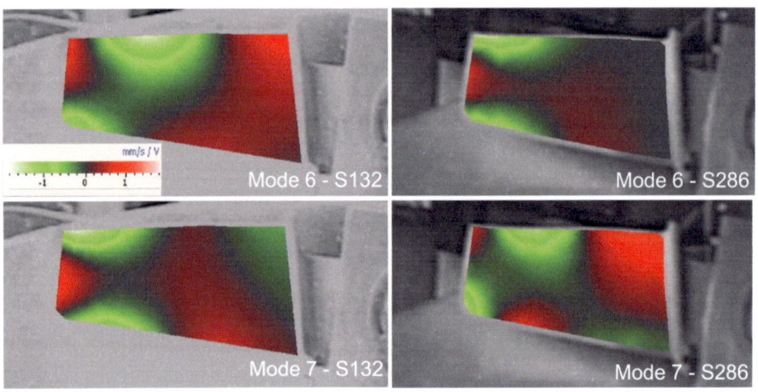

Abbildung 6.5 Eigenform für Mode 6 und Mode 7 (obere bzw. untere Reihe) der Schaufeln 132 (links) und 286 (rechts)

Auch bei der Auswertung der Eigenformen zeigen sich Abweichungen zwischen den gefertigten Schaufeln. In Abbildung 6.5 sind die Eigenformen für die Moden 6 und 7 der Schaufeln 132 und 286 an den Schaufelblättern dargestellt. Die farbliche Kodierung zeigt die quantitative Verschiebung an. Dabei sind durch dunkle rote und dunkle grüne Bereiche große Verschiebungen dargestellt und durch grau-schwarze Bereiche kleine bzw. keine Verschiebungen. Die Verschiebung ist senkrecht zum Schaufelblatt, also senkrecht zur Maschinenachse der in das Triebwerk eingebauten Schaufel, angegeben. Es ist zu erkennen, dass grundsätzlich eine Verschiebung der Eigenformen existiert. So ist die Eigenform Mode 6 der Schaufel 132 mit der Eigenform Mode 7 der Schaufel 286 vergleichbar. Gleiches gilt für die Eigenform Mode 7 der Schaufel 132 und die Eigenform Mode 6 der Schaufel 286. Dennoch sind auch Abweichungen in den vergleichbaren Eigenformen zu erkennen. So zeigt die Verschiebung an der Vorderkante oberhalb der Plattform im Mode 6 von Schaufel 132 in die entgegengesetzte Richtung wie für Mode 7 bei Schaufel 286. Neben der Änderung der Modeposition der beiden Eigenformen, sind also auch Abweichungen in vergleichbaren Eigenformen festzustellen. Rein visuell ist lediglich an den Moden 1-5 der beiden Schaufeln eine starke Vergleichbarkeit erkennbar. Ab Mode 6 kommt es zu den bereits genannten Differenzen sowie zu partiellen Abweichungen an vergleichbaren Eigenformen in identischer Modeposition.

Numerische Modalanalyse

Die numerische Simulation der Eigenfrequenzen und Eigenformen der ausgewählten Schaufeln wurde sowohl für die digitalisierten Schaufeln als auch für die parametrisch wiederaufgebauten Schaufeln durchgeführt. Dies hat den Vorteil, dass beide Geometrien mit gleichen Randbedingungen gerechnet werden können und so nur der Einfluss der unterschiedlichen Geometrie in den Ergebnisgrößen deutlich wird.
Für die digitalisierten Schaufel liegt die äußere 3D-Geometrie jeweils in Form eines STL-Netzes vor. Das STL-Netz beinhaltet die Oberflächeninformaton als Dreiecke und kann als FE-Netz genutzt werden. Abbildung 6.6 links zeigt das STL-Netz einer digitalisierten Schaufel. An der Einspannung der Schaufel im hinteren Bereich des Schaufelfuß sowie an verdecken Flächen (z.B. Nase im vorderen Bereich der Plattform) liegen keine Geometrieinformation vor. Für die numerische Simulation wurden deshalb diese offenen Bereiche mit Hilfe des nominalen Designs geschlossen. Dazu wurden die CAD-Flächen des nominalen Designs in der Softwareumgebung *GOM Inspect Professional* als STL-Flächen diskretisiert. In Abbildung 6.6 links ist das STL-Netz des nominalen Designs dargestellt

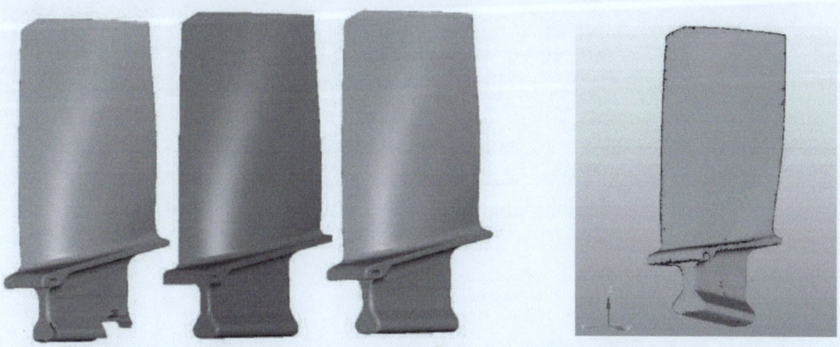

Abbildung 6.6 Von links beginnend: STL-Netz einer digialsierten Schaufel; STL-Netz des nominalen Designs; STL-Netz der digitalisierten Schaufel mit vollständigen Geometrieinformationen; Verschiebungsrandbedingungen der STL-Netze für die numerische Simulation

sowie rechts daneben das STL-Netz mit geschlossener 3D-Geometrie der digitalisierten Schaufel.
Zur abschließenden Vernetzung wurde das geschlossene STL-Netz in Altair Hypermesh importiert und mit Tetraederelementen vernetzt. Um Vergleichbarkeit zwischen den numerischen Simulationen der digitalisierten Schaufeln und den parametrisch wiederaufgebauten Schaufeln sowie auch zur experimentellen Modalanalyse zu gewährleisten, wurden entsprechend der experimentellen Modalanalyse Verschiebungsrandbedingungen an den Flanken im Schaufelfuss sowie an der Schaufelfußunterseite definiert. Abbildung 6.6 rechts zeigt die Verschiebungsrandbedingungen an dem 3D-FE-Modell.
In Tabelle 6.4 sind die Kennwerte der numerisch ermittelten Eigenfrequenzen für die Moden 1-10 aufgelistet. Im oberen Teil der Tabelle sind die Ergebnisse für die Originalgeometrie des STL-Netzes auf Basis der digitalisierten Schaufeln und im unteren Teil der Tabelle für die parametrisch wiederaufgebauten Schaufeln dargestellt.

STL	M1	M2	M3	M4	M5	M6	M7	M8	M9	M10
Min[Hz]	719	1839	2862	3711	5340	6483	7213	7475	9148	10216
Max[Hz]	778	1913	2952	3958	5534	7082	7617	7954	9820	10980
Δ[Hz]	59	74	90	247	193	599	404	479	672	764
Δ[%]	8	4	3	6	3	8	5	6	7	7

Wiederaufbau	M1	M2	M3	M4	M5	M6	M7	M8	M9	M10
Min[Hz]	737	1826	2848	3693	5372	6665	7266	7602	9098	10322
Max[Hz]	752	1925	2943	3882	5531	7037	7574	8114	9831	10789
Δ[Hz]	15	99	95	189	159	372	309	511	733	467
Δ[%]	2	5	3	5	3	5	4	6	7	4

Tabelle 6.4 Minimale, maximale Eigenfrequenzen und die Differenz der numerischen Modalanalyse für die Moden 1-10

Insgesamt entspricht die Eigenfrequenzstreuung der STL-Geometrie dem Wiederaufbau. Nur für Mode 1,6 und 10 sind die Abweichungen größer als 1%. Die maximale Differenz beträgt 6% für Mode 1. Die absoluten Werte der Eigenfrequenzen der digitalisierten und wiederaufgebauten Schaufeln liegen in der gleichen Größenordnung. Die Überschneidung der Eigenfrequenzbänder zwischen Mode 7 und Mode 8 der STL-Geometrie konnte mit den parametrisch wiederaufgebauten Schaufeln nicht abgebildet werden. In den Eigenformen gibt es zwischen STL-Geometrie und parametrischen Wiederaufbau für die untersuchten Moden 1-10 keine Abweichungen.

6.3 Zusammenfassung und Diskussion der Ergebnisse

Anhand der Überprüfung der geometrischen Abweichungen der parametrisch wiederaufgebauten Schaufeln gegenüber den digitalisierten Schaufeln sowie der Vergleich zwischen experimentell und numerisch ermittelten Eigenfrequenzen und Eigenformen ist eine Validierung der gesamten Prozesskette bestehend aus:

- der Methodik zur geometrischen Parametrisierung,

– der Bewertung der Geometrie und damit verbunden der statistischen Auswertung
– sowie dem parametrischen Wiederaufbau gefertigter Verdichterschaufeln auf Basis realer geometrischer Parameter

erfolgt. Die Auswertung der Ergebnisse zeigt, dass es möglich ist, mit 41 geometrischen Parametern die geometrischen Effekte real gefertigter Verdichterschaufeln in der Simulation mit Einschränkungen abzubilden. Diese Feststellung wird durch folgende Fakten untermauert:

– Die Mittelwertabweichung der parametrisch wiederaufgebauten Schaufeln zu den digitalisierten Schaufeln konnte im Vergleich zur Mittelwertabweichung des nominalen Designs zu den digitalisierten Schaufeln um den Faktor 4.3 reduziert werden. Die Streuung der Standardabweichung konnte in ihrer absoluten Größe um den Faktor 2.6 und in der Streuung selbst um den Faktor 2.2 reduziert werden. Das parametrische Modell bietet damit die Möglichkeit, die geometrische Variabilität der Verdichterschaufeln, bedingt durch den Fertigungsprozess, in der Numerik abzubilden.
– Die numerisch ermittelten Eigenfrequenzen der parametrisch wiederaufgebauten Schaufeln entsprechen in ihrer Streuung und Mittelwertabweichung überwiegend den numerisch ermittelten Eigenfrequenzen der digitalisierten Schaufeln, die alle geometrischen Effekte beinhalten, für die untersuchten Moden 1-10.
– Die numerisch ermittelten Eigenformen der digitalisierten Schaufeln entsprechen den Eigenformen der parametrisch wiederaufgebauten Schaufeln in den Moden 1-10.

Dennoch zeigen sich im Vergleich der numerisch ermittelten Eigenfrequenzen Unterschiede zu den experimentell ermittelten Eigenfrequenzen und Eigenformen. Die Unterschiede können weder mit den digitalisierten Geometrien noch mit den parametrisch wiederaufgebauten Geometrien in der Numerik abgebildet werden. Abbildung 6.7 zeigt 10 Diagramme für die Moden 1-10 in denen die experimentell ermittelten Eigenfrequenzen und die numerisch ermittelten Eigenfrequenzen dargestellt sind. Auf der Abszisse sind jeweils die experimentell ermittelten Eigenfrequenzen aufgetragen, gekennzeichnet durch "Exp". Auf der Ordinate sind die Eigenfrequenzen der digitalisierten STL-Geometrien sowie der parametrisch wiederaufgebauten Geometrien aufgetragen, gekennzeichnet durch "STL" bzw. "Aufbau". In den Diagrammen zeigen die weißen Punkte den Zusammenhang zwischen Experiment und STL-Geometrie. Die schwarzen Punkte zeigen den Zusammenhang zwischen Experiment und parametrischen Wiederaufbau. Die graue Linie gibt einen Anhaltspunkt für eine Übereinstimmung der Eigenfrequenzen zwischen Experiment und STL-Geometrie bzw. parametrisch wiederaufgebauter Geometrie. Wenn keine Abweichungen in den Eigenfrequenzen auftreten, dann sind die Punkte auf dieser Linie positioniert. Die Diagramme zeigen, dass die Größenordnung der experimentell ermittelten Eigenfrequenzen in der Numerik nicht abgebildet werden kann. Die einzelnen Punkte liegen nicht auf der Diagonalen. Dagegen werden die Tendenzen der Eigenfrequenzstreuung von den numerischen Modellen für höhere Moden überwiegend gut abgebildet, was durch die Positionierung der Punkte um die Diagonale deutlich wird. Für die Moden 1-3 sowie 5 und 10 ist die Tendenz nur schwach oder gar nicht ausgeprägt. Die Streuung der numerisch ermittelten Eigenfrequenzen entspricht der Streuung der experimentell ermittelten Eigenfrequenzen für Mode 2 - 10. Mode 1 zeigt für Experiment und STL eine größere Streuung als für den parametrischen Wiederaufbau. Insgesamt kann festgestellt werden, dass der Unterschied zwischen den Eigenfrequenzen der STL-Geometrie und der parametrisch wiederaufgebauten Geometrie gering ist im Vergleich zu den Abweichungen

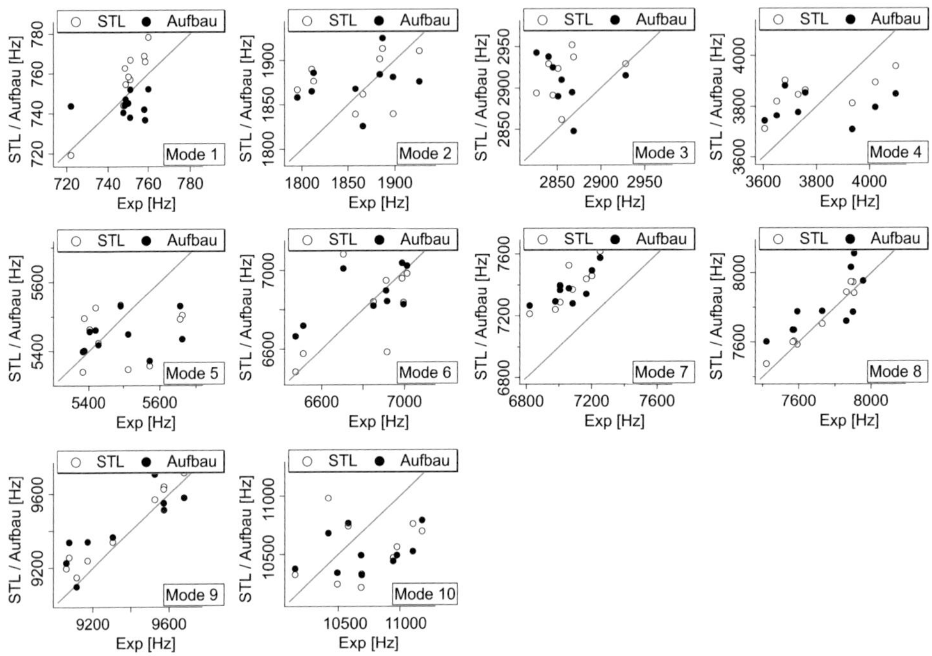

Abbildung 6.7 Gegenüberstellung der experimentell und numerisch ermittelten Eigenfrequenzen für die Moden 1-10

der experimentell ermittelten Eigenfrequenzen. Das bedeutet, dass die Abweichungen der Eigenfrequenzen der STL-Geometrie zum Experiment den Abweichungen der parametrisch wiederaufgebauten Geometrie zum Experiment entsprechen. Diese Erkenntnisse zeigen, dass das parametrische Modell zur Berücksichtigung der geometrischen Effekte gefertigter Verdichterschaufeln geeignet ist. Dennoch existieren deutliche Unterschiede in den absoluten Werten zwischen experimentell und numerisch ermittelten Eigenfrequenzen, die nicht der geometrischen Variabilität zugeordnet werden können. Diese Unterschiede bedürfen weiterer Untersuchungen.

Die Eigenformauswertung an den zwei untersuchten Schaufeln zeigt bis auf Mode 6 bzw. Mode 7 von Schaufel 132 keine Unterschiede zwischen Experiment und Simulation. Abbildung 6.8 zeigt den Unterschied zwischen Experiment (links) und Numerik (rechts). Die farbliche Kodierung der Schaufeln illustriert die Verschiebung. Rote Bereiche zeigen eine positive und grüne Bereiche eine negative Verschiebung an. Anhand der Abbildung ist zu erkennen, dass die Eigenformen in ihrer Mode-Position vertauscht sind. Weiterhin zeigen sich lokale Unterschiede zwischen gleichen Eigenformen für Mode 6 aus dem Experiment und der entsprechenden numerisch ermittelten Eigenform Mode 7 an der Schaufelspitze im Bereich der Vorderkante sowie für Mode 7 aus dem Experiment und der entsprechenden numerisch ermittelten Eigenform Mode 6 an der Hinterkante oberhalb der Plattform.

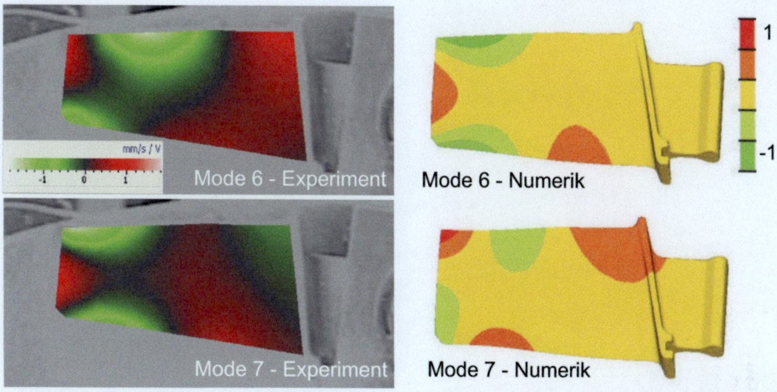

Abbildung 6.8 Eigenformen von Schaufel 132 aus Experiment und Simulation

Reif [72] hat ausführliche experimentelle Untersuchungen zum Einfluss der Schaufelfixierung auf die Eigenfrequenzen und Eigenformen sowie zur Abbildung der experimentell ermittelten Eigenformen in der Simulation für die Schaufel 286 durchgeführt. In der Untersuchung wird deutlich, dass ein Zusammenhang der experimentell ermittelten Eigenfrequenzen zu dem Testaufbau und zum Schraubenanzugsmoment der untersuchten Schaufel besteht. Weiterhin hat sich gezeigt, dass eine Verbesserung der Simulationsergebnisse durch die Berücksichtigung des Fixierungsblocks in der FE-Untersuchung erreicht werden konnte. Als sinnvoll hat sich auch erwiesen, eine transiente Anregung in der Simulation zu verwenden. Beide Varianten können durch zusätzlichen Zeitaufwand in die numerische Simulation integriert werden. Für die hier durchgeführte FE-Simulation unter "Maximum Take Off" Bedingungen sind zusätzliche Anstrengungen nötig, um experimentell und numerisch gleiche Voraussetzungen für eine Modalanalyse zu gewährleisten. Weiterhin sollten bei zukünftigen Arbeiten die Streuungen der Materialkennwerte, Eigenspannungen sowie Messfehler berücksichtigt werden.

7 Probabilistische Untersuchung zur hochzyklischen Ermüdung von Verdichterschaufeln

Mit der probabilistischen Untersuchung soll der Einfluss der Fertigungsstreuungen auf die Streuung relevanter Ergebnisparameter zur hochzyklischen Ermüdung ermittelt werden. Diese Sensitivitätsanalyse basiert auf einer Monte-Carlo Simulation mit 100 Realisierungen, siehe Abschnitt 2.8. Die Realisierungen werden mittels Latin-Hypercube Sampling unter Berücksichtigung von geometrischen Parameterverteilungen generiert. Anschließend werden die Korrelationen der generierten Datensätze untereinander eingestellt. Die in dieser Arbeit verwendeten geometrischen Parameterverteilungen sowie die verwendeten Korrelationen der Parameterdatensätze basieren auf den digitalisierten Schaufeln. Damit wird gewährleistet, dass die in der probabilistischen Untersuchung berechneten Streuungen der Ergebnisgrößen den Streuungen der digitalisierten Schaufeln entsprechen.
In diesem Kapitel wird eine Methodik zur Auswertung der probabilistischen Untersuchung zur hochzyklischen Ermüdung von Verdichterschaufeln vorgestellt. Es werden detailliert einzelne Ergebnisparameter sowie Besonderheiten in den Ergebnissen diskutiert. Dazu werden in Abschnitt 7.2 zunächst die Eigenfrequenzstreuungen untersucht. Anschließend werden in Abschnitt 7.3 am Beispiel von Mode 6 die Ergebnisse zur hochzyklischen Ermüdung detailliert analysiert. Danach wird in Abschnitt 7.4 auf die Eigenformvariation in Folge der Fertigungsstreuungen eingegangen. Abschnitt 7.5 fasst die gewonnenen Erkenntnisse zusammen und gibt einen Ausblick für die weitere statistische Auswertung mit dem Fokus auf ein robustes Design. Das für die Untersuchung verwendete numerische Modell wird im folgenden Abschnitt kurz vorgestellt.

7.1 Numerisches Modell

Abbildung 7.1 zeigt das FE-Netz einer generierten Verdichterschaufel. Insgesamt hat das Modell ca. 155000 Knoten. Die genaue Anzahl variiert je nach Realisierung. An den grünen Flächen im Schaufelfuss sind die Verschiebungsrandbedingungen, an den roten Flächen im Schaufelblatt sind die aerodynamischen Gaslasten definiert. Die aerodynamischen Gaslasten des nominalen Designs werden auf die jeweiligen generierten Schaufeln übertragen. Variationen der aerodynamischen Gaslasten werden damit nicht berücksichtigt. In allen Bereichen des Modells wird eine identische Temperatur vorgeben.
In der numerischen Untersuchung werden zunächst die Lasten infolge Zentrifugalkraft, Umströmung des Profils sowie Temperatur auf das Modell appliziert. An den grünen Flächen sind für diesen Fall Verschiebungsrandbedingungen in Umfangsrichtung und radialer Richtung definiert. Die Verschiebung in axialer Richtung wird an einem Knoten an der unteren Schaufelfußfläche gesperrt. In einem zweiten Schritt werden die Eigenfrequenzen und Eigenformen

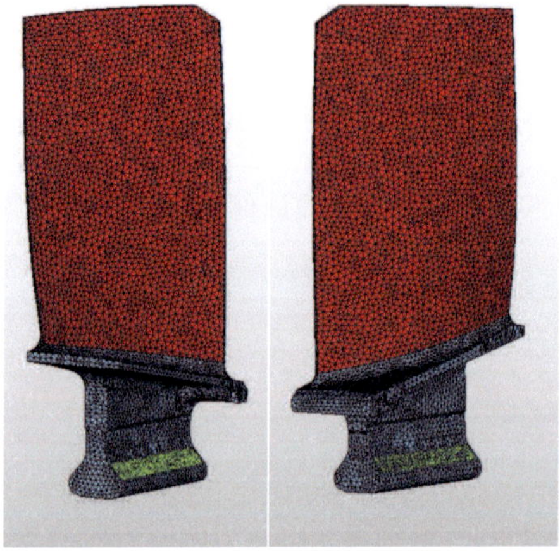

Abbildung 7.1 FE-Modell für die probabilistische Untersuchung; Definition der aeroydynamischen Gaslasten an den rot gefärbten Flächen im Schaufelblatt sowie der Verschiebungsrandbedingungen an den grün gefärbten Flächen im Schaufelfuss

ermittelt. Dazu werden die Knotenverschiebungen an den grün gefärbten Flächen in axialer und radialer Richtung sowie in Umfangsrichtung gesperrt.
Mit der numerischen Modalanalyse werden die Eigenfrequenzen, Eigenformen sowie die hochzyklische Ermüdung der ersten 20 Moden ermittelt. In die Auswertung der hochzyklischen Ermüdung fließen die Materialkenngrößen sowie die statischen Spannungen und entsprechend dem Mode die dynamischen Spannungen ein. Die hochzyklische Ermüdung wird durch den Parameter af ausgedrückt. Nähere Information zu af können in Abschnitt 2.6.3 nachgelesen werden.

7.2 Eigenfrequenzen

In der experimentellen Modalanalyse in Abschnitt 6.2 wurde bereits deutlich, in welchem Maße die Eigenfrequenzen der gefertigten Verdichterschaufeln streuen. Diese Streuung konnte auch in der probabilistischen Untersuchung abgebildet werden. In Tabelle 7.1 sind wichtige statistische Parameter der Eigenfrequenzverteilungen aufgelistet. Im Vergleich zu Tabelle 6.4 zeigen sich jedoch teilweise deutliche Unterschiede der absoluten Eigenfrequenzen, die durch die unterschiedlichen Randbedingungen der numerischen Modelle hervorgerufen werden. Die numerischen Modelle zur Ermittelung der Eigenfrequenzen aus Abschnitt 6.2 orientieren sich an den Randbedingungen zur experimentellen Ermittelung der Eigenfrequenzen. In dieser probabilistischen Untersuchung werden jedoch Randbedingungen zu "Maximum Take Off" Konditionen angewendet (siehe vorheriger Abschnitt).

	M1	M2	M3	M4	M5	M6	M7	M8	M9	M10
Mean[Hz]	924	1907	2713	3775	5082	6482	6867	7379	8868	9842
IQR[Hz]	5.8	33.7	22	44	77	168	94	181	208	193
Min[Hz]	911	1846	2669	3670	4974	6207	6731	7068	8425	9504
Max[Hz]	938	1973	2756	3880	5183	6724	7062	7686	9363	10124

	M11	M12	M13	M14	M15	M16	M17	M18	M19	M20
Mean	10381	11952	12346	12658	13741	14076	16316	16731	17523	18076
IQR	217	340	343	193	574	425	665	528	490	208
Min[Hz]	9981	11088	11833	12236	12753	13237	14267	15821	16900	17300
Max[Hz]	10837	12425	13170	13343	14908	15154	16689	17755	18509	18841

Tabelle 7.1 Statistische Parameter für die Eigenfrequenzen der Moden 1-20

Die Auswertung der Eigenfrequenzen zeigt eine ansteigende Tendenz der Streuung (ausgedrückt durch die Interqúartilbreite IQR) mit steigendem Mode. Die minimale und maximale IQR beträgt 5.8 Hz für Mode 1 bzw. 665 Hz für Mode 17. Zwischen benachbarten Moden sind ebenfalls starke Abweichungen zu beobachten. So beträgt IQR für Mode 5 77 Hz und für Mode 6 168 Hz. Anhand der minimalen und maximalen Abweichung zeigt sich weiter, dass es zu einer Überschneidung der einzelnen Eigenfrequenzbänder kommen kann, Mode 10 und Mode 11.

Ein besserer Eindruck der Eigenfrequenzstreuung kann anhand der Darstellung aller Eigenfrequenzen gewonnen werden. In Abbildung 7.2 sind auf der Abszisse die Eigenfrequenzverteilungen in Form von Histogrammen für die einzelnen Moden dargestellt. Die Ordinate des Diagramms zeigt die Häufigkeit, die zur besseren Darstellung logarithmiert wurde.

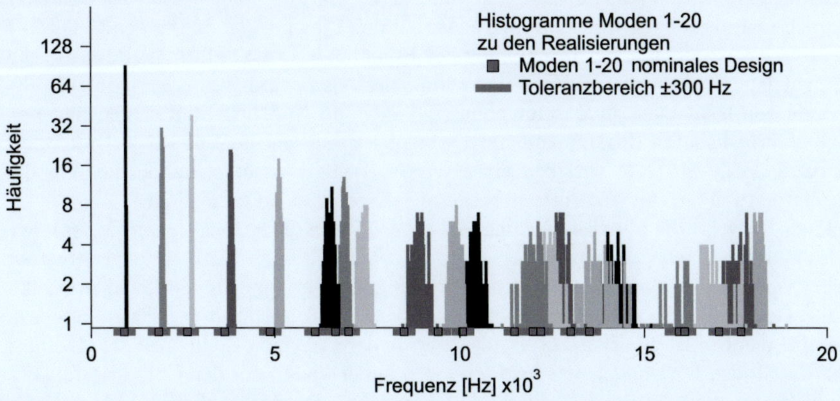

Abbildung 7.2 Histogramme zu den Eigenfrequenzverteilungen der probabilistischen Untersuchung mit den Eigenfrequenzen des nominalen Designs und Toleranzbändern für die Moden 1-20

Zusätzlich zu den Histogrammen sind die Eigenfrequenzen des nominalen Designs durch rote Quadrate abgebildet. Es wird deutlich, dass die Verteilungen nicht um die beabsichtigten Eigenfrequenzen des nominalen Designs streuen, sondern dass stattdessen die Verteilungen oberhalb des nominalen Designs liegen. Weiter wird die bereits erwähnte Überschneidung der Eigenfrequenzverteilungen an Mode 10 und Mode 11 erkennbar. Ab Mode 12 wird der Frequenzbereich durch die Eigenfrequenzen der einzelnen Realisierungen komplett abgedeckt. Die Schaufeln müssen also für alle Moden oberhalb dieses Bereichs resonanzsicher ausgelegt sein.

In der Abbildung sind weiterhin Toleranzbänder für die Moden dargestellt. Solche Toleranzbänder werden in der Auslegungsphase einer Verdichterschaufel genutzt, um Unsicherheiten zu berücksichtigen. Das hier dargestellte Toleranzband zeigt eine Abweichung von $\pm 300\ Hz$ vom nominalen Design. Innerhalb der Toleranzbänder darf möglichst keine Anregung der Schaufeln erfolgen, da diese ansonsten in Resonanz betrieben werden und es zur Schädigung kommen kann. Bis Mode 4 sind die angenommen Toleranzbänder ausreichend. Ab Mode 5 befinden sich die Eigenfrequenzen aufgrund der Mittelwertverschiebung der Verteilungen teilweise bzw. komplett außerhalb der Toleranzbänder. Ab Mode 6 ist zusätzlich die Eigenfrequenzstreuung größer als das angenommene Toleranzband.

Anhand der statistischen Auswertung der probabilistischen Untersuchung besteht die Möglichkeit einflussreiche Eingangsparameterstreuungen auf die Eigenfrequenzstreuung zu ermitteln. Dazu wird auf den SPEARMAN-Rangkorrelationskoeffizienten sowie das Wichtigkeitsmaß (CoI) zurückggegriffen, Abschnitt 2.8.3. Beide Parameter eignen sich zur Sensitivitätsanalyse. Der entscheidende Unterschied besteht darin, dass der SPEARMAN-Rangkorrelationskoeffizient den Zusammenhang zwischen zwei Parametern auf Basis von Rängen diskreter Werte berechnet. Durch Korrelationen zwischen den Eingangsparametern werden so Scheinkorrelationen in den Ergebnisparametern angezeigt. Der CoI nutzt dagegen sogenannte Meta-Modelle, deren Qualität durch das Bestimmtheitsmaß CoD angegeben wird. Die Meta-Modelle approximieren das Systemverhalten auf Basis der diskreten Parameter. Bei der Berechnung der Sensitivitäten durch den CoI werden die Korrelationen zwischen den Eingangsparameter gefiltert. Ein weiterer Unterschied besteht in der Darstellung der Ergebnisse. Der SPEARMAN-Rangkorrelationskoeffizient ist zwischen [-1,1] definiert und impliziert einen positiven oder negativen linearen oder monoton nicht-linearen Zusammenhang. Werte um Null bedeuten keinen linearen oder monoton nicht-linearen Zusammenhang. Der CoI ist dagegen im Bereich [0,1] definiert und zeigt damit lediglich die Wichtigkeit eines Wertes. Beide Parameter haben ihre Vorteile und diese sind notwendig, um eine Interpretation der Ergebnisse zu ermöglichen.

Abbildung 7.3 zeigt die Matrizen für den CoI (oben) sowie die Korrelationen (unten) zwischen den Eingangsparametern und den Eigenfrequenzen der Moden 1-20. Auf der Abszisse sind jeweils in gleicher Reihenfolge aufsteigend die Eingangsparameter aufgetragen. Auf eine vollständige Benennung der Felder wurde aufgrund der Übersichtlichkeit verzichtet. In der oberen Matrix für den CoI ist zusätzlich an erster Position der CoD dargestellt. Auf der Ordinate sind jeweils die Moden 1-20 aufgelistet. Nun zeigt sich in der Matrix für den CoI, dass die Dicke der Schaufel einen entscheidenden Einfluss auf die Eigenfrequenzen hat. Erkennbar ist dies an der Dunkelfärbung der Kästchen in der CoI-Matrix für die Eingangsparameter maximale Dicke (7), Vorderkantendicke (12) und Hinterkantendicke (14). Die Rangkorrelationsmatrix zeigt für die entsprechenden Parameter den positiven bzw. negativen Zusammenhang an.

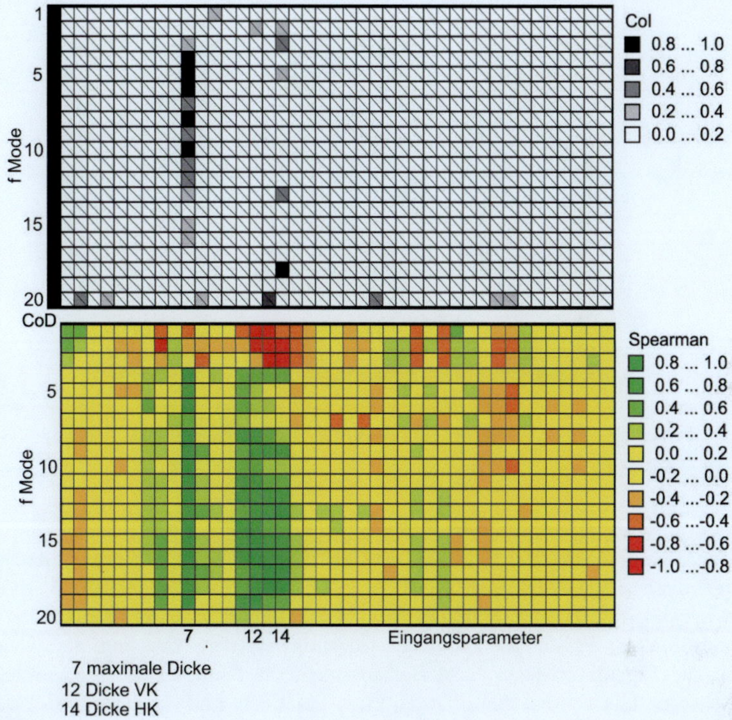

Abbildung 7.3 CoI-matrix (oben) und Korrelationsmatrix (unten) für die Eigenfrequenzen der Moden 1-20

Anhand eines vereinfachten Modells in Form eines Biegebalkens soll versucht werden die Zusammenhänge für Mode 1 zu interpretieren. Basierend auf Gleichung 2.15 aus Abschnitt 2.7.1 gilt für das System eines Biegebalkens mit konstantem rechteckigem Querschnitt für die Eigenfrequenzen des ungedämpften Systems ω_0 der Zusammenhang

$$\omega_0 = \lambda^2 \sqrt{\frac{EI}{\rho A l^4}}. \tag{7.1}$$

In der Gleichung ist λ der Eigenwertkoeffizient, E der E-Modul des Werkstoffs, ρ die Dichte des Werkstoffs, I das Flächenträgheitsmoment, A der Querschnitt des Profils und l die Länge des Balkens. Für das Flächenträgheitsmoment eines Balkens gilt:

$$I = \frac{bh^3}{12}. \tag{7.2}$$

Mit den Parametern b für die Breite und h für die Höhe des Balkens, die durch die Schaufeldicke ausgedrückt wird. Berücksichtigt man nur den Querschnitt einer Schaufel, so ergibt sich ein proportionaler Zusammenhang

$$\omega_0 \sim h \tag{7.3}$$

Abbildung 7.4 Von links nach rechts sind die Eigenformen der Moden 1-3 mit den Knotenlinien dargestellt

zwischen der Eigenfrequenz der Schaufel und der Dicke. Dieser Zusammenhang zeigt sich an den Ergebnissen aus Abbildung 7.3 ab Mode 4. Mode 1 (sowie Mode 2 und Mode 3) zeigt einen negativen Zusammenhang der nicht nach Gleichung 7.1 erklärt werden kann. Bei der Interpretation der Ergebnisse muss berücksichtigt werden, dass mit der Gleichung zur Ermittelung der Eigenfrequenzen eines Balkens nicht die Komplexität der Verdichterschaufelgeometrie abgebildet werden kann. Durch Fuss, Plattform und ein verdrehtes Schaufelblatt wirken unterschiedliche geometrische Faktoren und Massefaktoren auf die Eigenfrequenzen. Mit den in Abschnitt 2.7.2 diskretisierten Balken mit neun Stützstellen kann die komplexe Geometrie der Verdichterschaufel mit einem im Gegensatz zum Schaufelblatt massiven Schaufelfuss deutlich besser abgebildet werden. Dann zeigt sich auch, dass mit zunehmender Dicke des Schaufelblatts das Trägheitsmoment steigt und die Eigenfrequenz der Schaufel, die durch den massiven Schaufelfuss geprägt ist, abnimmt. Werden weiter die Eigenformen in der Auswertung berücksichtigt, kann ein Zusammenhang zu den Korrelationen zwischen Schaufelblattdicke und Eigenfrequenz aus Abbildung 7.3 festgestellt werden. Die Moden 1-3 entsprechen der ersten Biegung sowie zwei reinen Torsionsmoden, Abbildung 7.4. Alle drei Eigenformen haben nur eine Biege- bzw. Torsionslinie (Knotenlinie), um die die Schaufel in ihrer Eigenform schwingt. Für höhere Moden, deren Schwingung durch Mischformen geprägt ist, stellen sich mehrere solcher Knotenlinien ein. Die Trägheit des Schaufelblatts für die reine Biege- bzw. Torsionsschwingung ist dann in ihrer Größe nicht mehr gegeben, wodurch die positiven Korrelationen zwischen der Schaufelblattdicke und der Eigenfrequenz ab Mode 4 erklärt werden können.

7.3 Hochzyklische Ermüdung Mode 6

Zur Auswertung der hochzyklischen Ermüdung mit dem Schwingfestigkeitsparameter af wird die Visualisierung von statistischen Parametern auf einem FE-Netz empfohlen, siehe Abschnitt 2.8.3.
Während der statistischen Auswertung hat sich gezeigt, dass af von der Position auf dem FE-Netz abhängig ist. Daher ist es sinnvoll die Ergebnisse lokal für jeden Knoten einzeln zu betrachten, statistisch auszuwerten und zu visualisieren.
Prinzipiell eignet sich die Eintretenswahrscheinlichkeit für das Unterschreiten eines af_{limit}-Grenzwertes zur Visualisierung um einen globalen Eindruck von interessanten Bereichen zu erhalten. Dieser af_{limit}-Grenzwert kann sich am af-Wert des nominalen Designs orientieren.
Die Berechnung der Eintretenswahrscheinlichkeit P_{af_k} aus allen Realisierungen n_{sim} an jedem Knoten k des FE-Netzes erfolgt nach Gleichung 7.4.

$$P_{af_k \leq af_{limit}} = \frac{1}{n_{sim}} \sum_{n=1}^{n_{sim}} \begin{cases} 1 & \text{wenn} \quad af_k \leq af_{limit} \\ 0 & \text{wenn} \quad af_k > af_{limit} \end{cases} \tag{7.4}$$

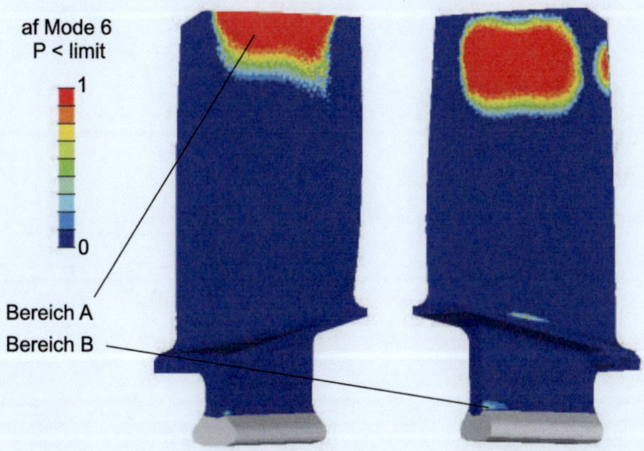

Abbildung 7.5 Visualisierung der Eintretenswahrscheinlichkeiten für das Unterschreiten des Grenzwertes af_{limit} für Mode 6

Abbildung 7.5 zeigt die berechneten Wahrscheinlichkeiten an den Knoten des FE-Netzes. Die Wahrscheinlichkeit wird durch eine farbliche Kodierung dargestellt. Rote Bereiche stellen eine hohe Eintretenswahrscheinlichkeit bis $P_{af_k} = 1$ dar.
An diesen Bereichen ist af_k bei allen Realisierungen kleiner als der definierte Grenzwert. In blauen Bereichen beträgt die Wahrscheinlichkeit zum Unterschreiten des Grenzwertes $P_{af_k} = 0$. In diesen Bereichen ist af_k für alle Realisierungen größer als der Grenzwert. Die Darstellung der Wahrscheinlichkeiten zeigt einen großen Bereich an der Schaufelspitze auf Druckseite und Saugseite an dem alle Realisierungen den Grenzwert überschreiten (rote Färbung). Der minimale af-Wert des nominalen Designs befindet sich in diesem Bereich A. Zur Auswertung der Daten soll ein zweiter Bereich im Schaufelfuss ausgewählt werden, da hier mit den höchsten statischen Spannungen zu rechnen ist. Dieser Bereich wird mit Bereich B bezeichnet.

Die Grünfärbung des Bereichs gibt an, dass bei ca. 50% der Realisierungen af kleiner als der Grenzwert ist. Aus beiden Bereichen wird jeweils ein Knoten zur weiteren Auswertung ausgewählt. In Abbildung 7.6 rechts ist der CoI zwischen den Eingangsparametern und af für beide Bereiche dargestellt. Maximale Dicke (Parameter 7), Vorderkantendicke (Parameter 12) sowie Hinterkantendicke (Parameter 14) sind die Parameter mit dem größten Einfluss auf af im Bereich A. Für den Bereich B zeigt sich, dass die maximale Dicke (Parameter 7) den größten Einfluss auf af hat.
In Abbildung 7.6 ist links die Punktewolke zwischen der hochzyklischen Ermüdung af und der Hinterkantendicke (Parameter 14) für jeweils Bereich A und Bereich B dargestellt. Für die globale Auswertung identifizieren sowohl der COI als auch der SPEARMAN-Rangkorrelationskoeffizient die Hinterkantendicke als den einflussreichsten Parameter auf af. Beide Punktewolken zeigen eine negative Korrelation, der Anstieg sowie die Streuung der Punktewolken ist aber unterschiedlich. Die Überschneidung der Punktewolken für hohe Hinterkantendicken führt dazu, dass der globale minimale af-Wert sich nicht ausschließlich an der Schaufelspitze (Bereich A) befindet. Stattdessen verschiebt sich die Position in den Schaufelfuss (Bereich B).

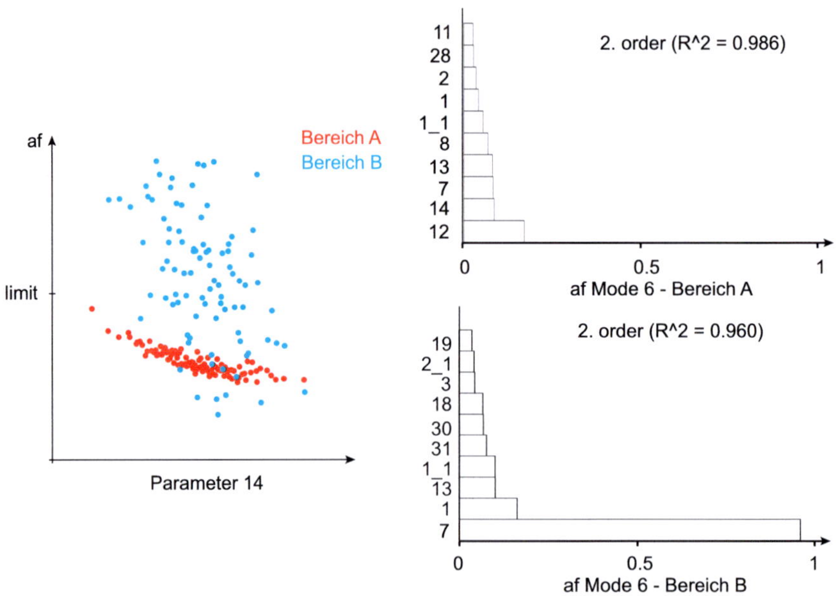

Abbildung 7.6 Links: Punktewolke zur Visualisierung der Korrelation zwischen der hochzyklischen Ermüdung af und der Hinterkantendicke (Parameter 14) für die Bereiche A und B von Mode 6; Rechts: Wichtigkeitsmaße (COI) zu den Bereichen A und B

Zum Vergleich ist in Abbildung 7.7 die globale Auswertung von af dargestellt. Die Punktewolke auf der rechten Abbildung,

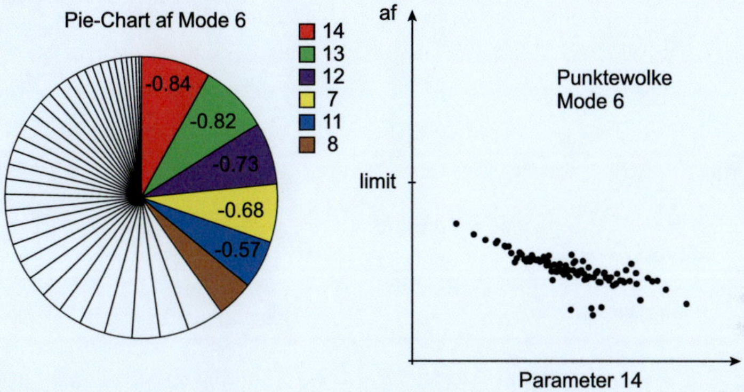

Abbildung 7.7 Statistische Auswertung hochzyklische Ermüdung Mode 6; Links: Pie-Chart; Rechts: Punktewolke zwischen hochzyklischer Ermüdung und Hinterkantendicke (Parameter 14) mit dem Grenzwert af_{Limit}

die den Zusammenhang zwischen af und der Hinterkantendicke darstellt, zeigt einen negativen Zusammenhang an. Es fällt auf, dass innerhalb der Punktewolke die Streuung der Daten ungleichmäßig verteilt ist, was an den Ausreißern unterhalb der Punktewolke deutlich wird. Diese Ausreißer deuten auf weitere Effekte in der Systemantwort hin, die mit der Visualisierung der Eintretenswahrscheinlichkeit auf dem FE-Netz erkannt werden konnten. Die globale Auswertung verwischt lokale Effekte der statistischen Auswertung für af und stellt somit den komplexen Zusammenhang der Ergebnisgrößen nicht eindeutig dar.

7.4 Eigenformen Mode 12

Mit den gewonnen Erkenntnissen aus dem vorherigen Abschnitt soll nun auf ein weiteres Phänomen am Beispiel des Mode 12 aufmerksam gemacht werden. Abbildung 7.8 links zeigt den globalen Zusammenhang zwischen af und der Hinterkantendicke (Parameter 14) für Mode 12. Ähnlich wie in dem vorangegangen Beispiel am Mode 6 ändert sich der Verlauf der Punktewolke mit zunehmender Hinterkantendicke. Um die Ursache der Unstetigkeit zu detektieren, wird wieder auf die Visualisierung von Eintretenswahrscheinlichkeiten zurückgegriffen, Abbildung 7.8 rechts. Der Grenzwert wurde oberhalb der Punktewolke definiert. Für die weitere Auswertung wurden drei Bereiche ausgewählt. Im Bereich A an der Hinterkante des Schaufelblatts befindet sich die Position des minimalen af-Wertes für das nominale Design. Der Bereich B unterhalb der Plattform, am Übergang von Plattform zu Schaft auf der Druckseite, stellt den Bereich mit der höchsten Wahrscheinlichkeit dar. Der Bereich C oberhalb der Einspannung wurde gewählt, da hier die höchsten statischen Spannungen zu erwarten sind.
In Abbildung 7.9 sind die Punktewolken zwischen af und der Hinterkantendicke für die Bereiche A,B und C dargestellt. An der Abbildung wird deutlich, dass der unstetige Verlauf der Punktewolke aus Abbildung 7.8 links durch die Bereiche A und B definiert ist. In diesen

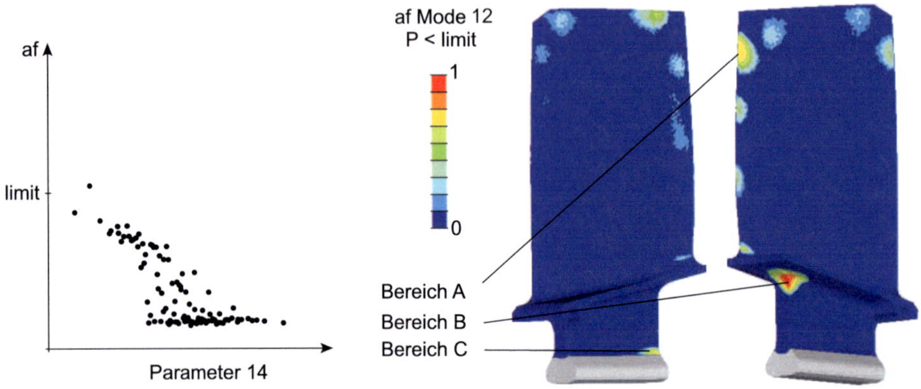

Abbildung 7.8 Auswertung am Mode 12; Links: Punktewolke zwischen hochzyklischer Ermüdung af und Hinterkantendicke (Parameter 14); Rechts: Visualisierung der Eintretenswahrscheinlichkeiten

Bereichen treten in Abhängigkeit der Hinterkantendicke die globalen minimalen af-Werte auf. Die af-Werte im Bereich C im Schaufelfuss liegen oberhalb der minimalen af-Werte.

Wie im vorigen Abschnitt gezeigt, kann sich aufgrund der Parameterstreuungen die Position des minimalen af-Wertes ändern. Der Verlauf der Ergebnisgrößen bleibt für die betrachteten Bereiche stetig und der Anstieg der Punktewolke bleibt unabhängig der Parametervariation bestehen. Der Verlauf der einzelnen Punktewolken zeigt für dieses Beispiel ein anderes Verhalten. Die Unstetigkeiten aus der globalen Punktewolke bleiben bestehen. Die Punktewolken für die Bereiche A und B zeigen für kleine af eine Begrenzung nach unten. Die Punktewolke im Bereich B zeigt zunächst einen negativen Verlauf, der mit zunehmender Hinterkantendicke in einen horizontalen Verlauf übergeht. Es wird deutlich, dass die Verschiebung des globalen

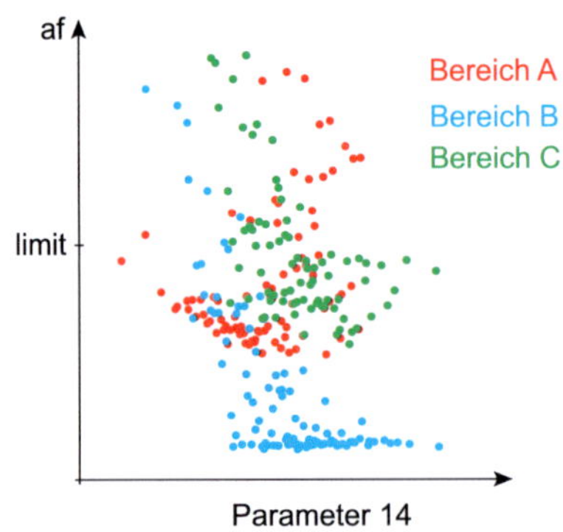

Abbildung 7.9 Punktewolken zwischen hochzyklischer Ermüdung af und Hinterkantendicke (Parameter 14) für unterschiedliche Bereiche

af-Wertes aus dem Schaufelblatt an den Übergang Plattform-Schaft nicht die einzige Ursache für den Verlauf der Punktewolken ist.

Wie im vorherigen Kapitel an der experimentellen Modalanalyse schon gezeigt, kann es aufgrund der Fertigungsstreuungen zu Änderungen in den Eigenformen kommen. Die Eigenvektoren von zwei Moden können mit dem Modal-Assurance-Criterion (MAC) miteinander verglichen werden. Das MAC ist im Bereich $[0, 1]$ definiert und gibt für Werte nahe 1 an, dass die Eigenvektoren identisch sind. In dieser Arbeit soll in Anlehnung an die Veröffentlichung von HEINZE et al. [42] ein Grenzwert für identische Eigenvektoren bei MAC$\geq$ 0.8 definiert werden. Detaillierte Informationen zur Berechnung sind unter Abschnitt 2.7.2 zu finden.

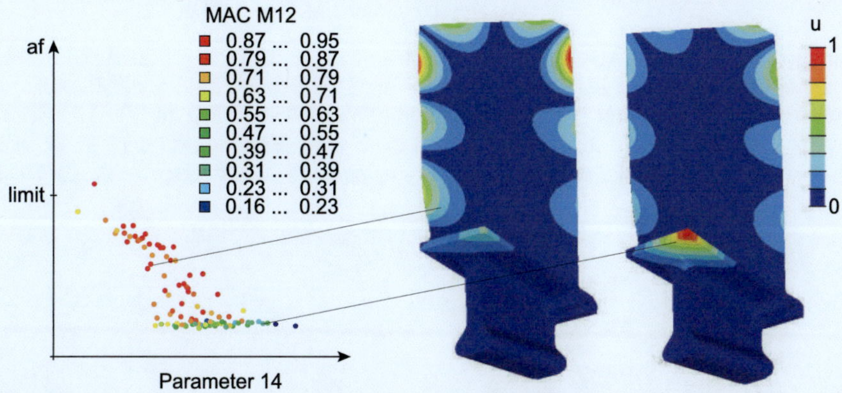

Abbildung 7.10 Links: Punktewolke zwischen hochzyklischer Ermüdung und Hinterkantendicke (Parameter 14) mit farblicher Kodierung zum MAC; Rechts: Eigenformen von zwei Realisierungen mit unterschiedlichem MAC

Abbildung 7.10 zeigt links die Punktewolke zwischen hochzyklischer Ermüdung af Mode 12 und Hinterkantendicke mit einer farblichen Kodierung, die den MAC-Werten zwischen Realisierung und nominalen Design entsprechen. Auf der Abbildung wird deutlich, dass für geringe Hinterkantendicken die Eigenform der Realisierungen der Eigenform des nominalen Designs entspricht, in der Abbildung durch die Rotfärbung zu erkennen. Der horizontale Verlauf der Punktewolke für hohe Hinterkantendicken resultiert aus einer anderen Eigenform, die nicht dem nominalen Design entspricht. Dies wird an der Grünfärbung der Realisierungen deutlich. Der Unterschied zwischen den beiden Eigenformen ist auf der rechten Seite von Abbildung 7.10 dargestellt. Hier stellt die farbliche Kodierung die Amplitude der Eigenform dar. Die links dargestellte Schaufel mit der entsprechenden Eigenform zeigt die größten Verschiebungen im Schaufelblatt. Diese Eigenform entspricht dem nominalen Design. Für die rechts dargestellte Eigenform tritt die größte Verschiebung an der hinteren Plattformecke auf der Druckseite auf. Die Verschiebungen im Schaufelblatt sind nicht so stark ausgeprägt.

Kommt es aufgrund der Fertigungsstreuungen zu Änderungen in der Eigenform, dann kann nicht mehr der gesamte Datensatz der probabilistischen Untersuchung zur Sensitivitätsanalyse genutzt werden. Innerhalb eines Modes werden die Sensitivitäten aufgrund der unterschiedlichen Eigenformen verwischt. Deshalb ist es notwendig den Datensatz für die statistische

Auswertung mit CoI und Pie-Chart nach den MAC-Werten der Realisierungen zu unterteilen, damit die richtigen Erkenntnisse gewonnen werden können.
Eine Möglichkeit einen globalen Überblick zu den Eigenformen des Systems zu erhalten, besteht in der Berechnung einer MAC-Wahrscheinlichkeitsmatrix. Damit wird deutlich in welchen Moden es zu Abweichungen zwischen den Eigenformen der Realisierungen und den Eigenformen des nominalen Designs kommt. Als Grenzwert wurde MAC$\geq$ 0.8 für identische Eigenformen definiert. Die Berechnung der Wahrscheinlichkeit $P_{MAC_{ij}}$ erfolgt analog zu Gleichung 7.4 mit

$$P_{MAC_{ij} \geq MAC_{limit}} = \frac{1}{n_{sim}} \sum_{n=1}^{n_{sim}} \begin{cases} 1 & \text{wenn } MAC_{ij} \geq MAC_{limit} \\ 0 & \text{wenn } MAC_{ij} < MAC_{limit} \end{cases} . \tag{7.5}$$

Abbildung 7.11 zeigt die MAC-Wahrscheinlichkeitsmatrix für die Moden 1-20. Auf der Abszisse sind die Moden des nominalen Designs und auf der Ordinate die Moden der Realisierungen aufgelistet. Die Graustufung der Matrix zeigt die Wahrscheinlichkeit für ein Überschreiten des MAC-Grenzwertes an. Für die Moden 1-6 ist das entsprechende Feld der Matrix schwarz gefärbt, was einer Wahrscheinlichkeit von 100% entspricht. Damit entsprechen alle Realisie-

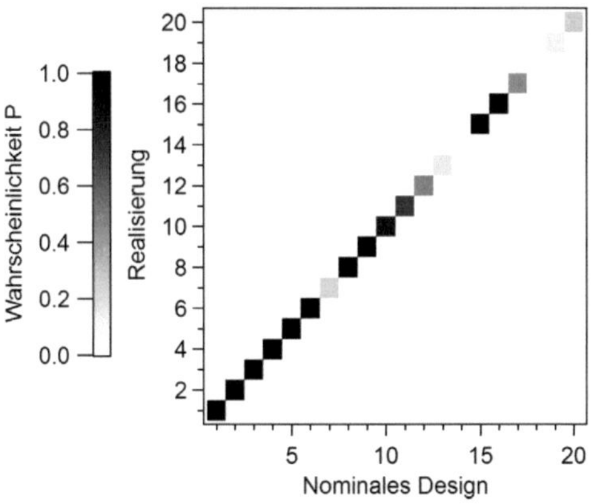

Abbildung 7.11 Wahrscheinlichkeitsmatrix für Eigenformen zwischen dem nominalen Design und den Realisierungen

rungseigenformen der Eigenform des nominalen Designs. Mode 7 ist grau gefärbt und gibt eine Wahrscheinlichkeit von ca. 30% für identische Eigenformen an. Die verbleibenden 70% der Eigenformen entsprechen nicht der Eigenform des nominalen Designs oder einer benachbarten Eigenform. Die gleiche Aussage trifft für die Moden 12-14 sowie 16-20 zu. Für Mode 14 kann keine Übereinstimmung der berechneten Realisierung mit dem nominalen Design festgestellt werden. Für Mode 13 des nominalen Designs entsprechen ca. 10% den Realisierungen von Mode 14. Es kommt also zu einer Verschiebung der Eigenformen. Insgesamt kann anhand der Berechnung der Matrix festgestellt werden, dass lediglich 67% der Realisierungseigenformen den Eigenformen des nominalen Design entsprechen. Die verbleibenden Eigenformen sind neue Eigenformen, die durch die geometrische Variabilität hervorgerufen werden und mit dem deterministischen Ansatz in der Auslegungsphase nicht berücksichtigt werden können.

7.5 Zusammenfassung und Hinweise zur Gestaltung eines robusten Designs

Die probabilistische Untersuchung bietet die Möglichkeit ein komplexes System zu untersuchen und den Einfluss von Eingangsparameterstreuungen auf die Ergebnisparameter zu ermitteln. In den vorherigen Abschnitten dieses Kapitels wurde die Vorgehensweise zur statistischen Auswertung einer probabilistischen Untersuchung zur hochzyklischen Ermüdung vorgestellt. Dabei ist es immer ratsam, das in der Untersuchung verwendete System sowie die in der Simulation abgebildete Physik nachzuvollziehen und mit entsprechendem Fachwissen die Plausibilität der Ergebnisse zu hinterfragen bzw. zu überprüfen. Ist die Plausibilität gegeben, lassen sich mit der Sensitivitätsanalyse der Einfluss der Fertigungsstreuungen auf die Eigenfrequenzen, den Schwingfestigkeitswert af sowie die Eigenformen ermitteln. Damit können wertvolle Hinweise auf das Systemverhalten der realen Verdichterschaufeln gewonnen werden. Für die statistische Auswertung der probabilistischen Untersuchung wurden folgende Werkzeuge genutzt:

- Die Visualisierung von statistischen Parametern (z.B. Eintretenswahrscheinlichkeiten) auf einem FE-Netz ermöglicht die Betrachtung einer Ergebnisgröße für alle Realisierungen eines Mode. Durch die Definition eines Grenzwertes können so interessante Bereiche des Systems erkannt werden.
- Es empfiehlt sich den SPEARMAN-Rangkorrelationskoeffizienten [84] sowie das Wichtigkeitsmaß (CoI) nach BUCHER [21] für die Auswertung der probabilistischen Untersuchung zu nutzen. Es konnte gezeigt werden, dass beide Koeffizienten dazu beitragen das System kennenzulernen und wichtige Erkenntnisse zu gewinnen.
- Mit der Darstellung einer Punktewolke, mit der der Zusammenhang zwischen zwei Parametern abgebildet wird, kann der Verlauf infolge der Parameteränderungen überprüft werden. Zeigt der Verlauf Unstetigkeitsstellen, so sind weitere Effekte im Systemverhalten vorhanden die näher untersucht werden müssen.
- Mit der MAC-Wahrscheinlichkeitsmatrix können Wahrscheinlichkeiten für identische Eigenformen zwischen den Realisierungen und dem nominalen Design ermittelt werden. Damit steht ein globales Werkzeug zur Verfügung, um Eigenformänderungen aufgrund der geometrischen Variabilität zu erfassen.

Mit dem Einsatz dieser statistischen Werkzeuge können wichtige Informationen gewonnen werden. Voraussetzung ist, dass die Werkzeuge richtig eingesetzt werden. Daher empfiehlt sich folgende Vorgehensweise bei der statistischen Auswertung der probabilistischen Untersuchung:

- Zur Auswertung der Eigenfrequenzen empfiehlt es sich die diskreten Verteilungen der Eigenfrequenzen für die untersuchten Moden zusammen mit den nominalen Design Eigenfrequenzen und den Toleranzbändern in einer Grafik darzustellen, Abschnitt 7.2. Damit kann ein Eindruck zu den Eigenfrequenzen der gefertigten Schaufeln sowie den Abweichungen zum nominalen Design gewonnen werden. Weiterhin kann überprüft werden, inwieweit die Eigenfrequenzen der gefertigten Schaufeln in den vorgegeben Toleranzbändern positioniert sind.
- Zur Auswertung der hochzyklischen Ermüdung af empfiehlt sich zunächst, jeweils für die einzelnen Moden die Eintretenswahrscheinlichkeit eines definierten Grenzwertes af_{Limit} für jeden Knoten des FE-Netzes zu berechnen und zu visualisieren, Abschnitt 7.3. Damit lassen sich interessante Bereiche erkennen, an denen die weitere statistische Auswertung durchgeführt werden kann.

- Zeigt sich nach der lokalen Auswertung immer noch ein unstetiger Verlauf in der Punktewolke, dann liegen Eigenformänderungen innerhalb eines Mode vor, Abschnitt 7.4. Mit dem MAC-Kriterium und der MAC-Wahrscheinlichkeitsmatrix lassen sich die Eigenformen der Realisierungen mit dem nominalen Design vergleichen und neue Eigenformen detektieren. Kommt es aufgrund der Eingangsparameterstreuungen zu Eigenformänderungen muss für die Sensitivitätsanalyse der Datensatz entsprechend den Eigenformen unterteilt bzw. neu geordnet werden. Die berechneten Korrelationen bzw. Wichtigkeitsmaße können ansonsten für die Auswertung nicht genutzt werden, da unterschiedliche Effekte überlagert werden.
- Ist die Auswertung unter den genannten Punkten erfolgt, können mit dem SPEARMAN-Rangkorrelationskoeffizienten sowie dem Wichtigkeitsmaß (CoI) die Datensätze statistisch ausgewertet werden. Mit dem CoI lassen sich einflussreiche Eingangsparameter berechnen. Positive bzw. negative lineare und monoton nicht-linearen Zusammenhänge der einflussreichsten Parameter lassen sich mit dem SPEARMAN-Rangkorrelationskoeffizienten ermitteln.

Die Anwendung der empfohlen Vorgehensweise zur Auswertung der probabilistischen Untersuchung hat folgende wichtige Erkenntnisse gebracht.

- Der Mittelwert der Eigenfrequenzen liegt für alle Moden oberhalb des nominalen Designs. Die Eigenfrequenzstreuung der gefertigten Schaufeln nimmt mit den Moden zu. Für höhere Moden überschneiden sich die Streubänder der Eigenfrequenzen zwischen benachbarten Moden. Ab Mode 12 decken die Eigenfrequenzen der gefertigten Schaufeln den gesamten Frequenzbereich ab. Für diese Moden sollte die Schaufel resonanzsicher ausgelegt sein.
- Die Fertigungsstreuungen können zu einer Verschiebung der Position des minimalen af-Wertes bei Betrachtung der gesamten Schaufel führen. Die af-Werte der Realisierungen sind für einige Moden geringer als die af-Werte des nominalen Designs.
- Aufgrund der Fertigungsstreuungen kann es zu Eigenformänderungen innerhalb eines Modes kommen. Die Auswertung der Eigenformen mit der MAC-Wahrscheinlichkeitsmatrix hat gezeigt, dass lediglich 67% der Eigenformen der Realisierungen den Eigenformen des nominalen Design entsprechen. 33% der Eigenformen wurden also im Designprozess der Verdichterschaufel nicht berücksichtigt.

Wird das Bewertungskriterium für ein robustes Design aus Abschnitt 2.8.4 auf das untersuchte System angewendet, so muss von einem nicht-robusten Systemverhalten ausgegangen werden. Die statistische Auswertung hat gezeigt, dass die Fertigungsstreuungen zu einer Verringerung der af-Werte gegenüber dem af-Wert des nominalen Designs führen. Zusätzlich kommt es zu unerwünschten Änderungen in der Systemantwort, die sich durch die Positionsverschiebungen des minimalen af-Wertes und Eigenformänderungen innerhalb eines Modes ausdrücken.
Zur Gestaltung eines robusten Designs stellen sich nun zwei Möglichkeiten dar. Eine erste Möglichkeit die Verdichterschaufelgeometrie robust zu gestalten, besteht darin, die vorhandenen Fertigungstoleranzen ohne eine komplette Neuentwicklung anzupassen. Das ursprüngliche Design der Verdichterschaufel kann dabei bestehen bleiben. Für dieses Vorgehen können anhand der für die statistische Auswertung genutzten Punktewolken der Einfluss der Eingangsparameterstreuungen auf die Eigenfrequenzen, af bzw. die Eigenformen abgeleitet und damit entsprechende neue Toleranzgrenzen ermittelt werden. In Abbildung 7.12 wurde dazu

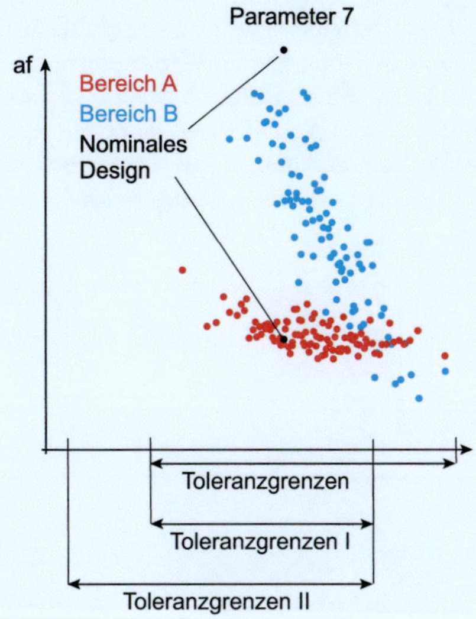

Abbildung 7.12 Punktewolke für den Bereich A und B mit dem nominalen Design für die hochzyklische Ermüdung af und die maximale Dicke sowie den bestehenden und angepassten Toleranzgrenzen

das Beispiel zur Auswertung der hochzyklischen Ermüdung am Mode 6 aufgegriffen. Es ist die Punktewolke für die Bereiche A und B zwischen maximaler Dicke (Parameter 7) und hochzyklischer Ermüdung af sowie das nominale Design und eine angenommene Toleranzbreite für den Parameter maximale Dicke dargestellt. Während der statistischen Auswertung hat sich gezeigt, dass sich die minimale hochzyklische Ermüdung vom Schaufelblatt (Bereich A) in den Schaufelfuss verschiebt (Bereich B).

Um niedrige af-Werte für die hochzyklische Ermüdung im Schaufelfuss zu vermeiden, müssen die bestehenden Toleranzgrenzen angepasst werden. Das kann entweder durch eine Anpassung der oberen Toleranzgrenze realisiert werden. In der Abbildung ist diese Variante mit "Toleranzgrenzen I" bezeichnet. Soll die Toleranzbreite bestehen bleiben, dann können obere und untere Toleranzgrenze so angepasst werden, dass es zu einer Mittelwertverschiebung der gefertigten Schaufeln kommt, in der Abbildung durch "Toleranzgrenzen II" dargestellt. Durch diese Variante werden Schaufeln mit neuen geometrischen Abmessungen gefertigt, die bisher nicht in der Simulation untersucht wurden sind. Hier empfiehlt sich Stichproben nachzurechnen und mit den Tendenzen der Punktewolken zu vergleichen. Um die gesamte Schaufel nach diesem Ansatz zu optimieren, müssen auf Basis der vorhandenen Ergebnisse für jeden Mode die genannten Toleranzänderungen überprüft werden. Dieser Ansatz trägt wesentlich zur Robustheitsverbesserung bei minimalen Aufwand bei.

Eine weitere Möglichkeit besteht darin, auf Basis der gewonnen Erkenntnisse zum Fertigungsprozess den Designraum mit einer Monte-Carlo Simulation zu erfassen. Dazu empfiehlt sich, die bekannten Fertigungsstreuungen mit einem Faktor zu erweitern und als gleichverteilt anzunehmen. Die so gewonnenen Stützpunkte der Monte-Carlo Simulation bilden die Systemantwort ab. Auf Basis dieser Stützpunkte kann ein Meta-Modell approximiert werden, dass für eine

Optimierung genutzt wird. Dazu ist eine Optimierungsfunktion notwendig, mit der die Eigenfrequenzstreuung, die Unterschreitung des af-Wertes sowie die Eigenformänderung erfasst wird. Mit der Definition eines Grenzwertes für diese Ereignisse kann dann ein Algorithmus ein entsprechendes Designoptimum finden. Anschließend empfiehlt sich, für dieses Design mit den für den Fertigungsprozess bekannten Streuungen die Ergebnisse zu überprüfen.

8 Zusammenfassung und Ausblick

Mit der Anwendung probabilistischer Methoden bei der Entwicklung neuer Triebwerke und stationärer Gasturbinen lassen sich schon während der rechnergestützten Auslegung wichtige Erkenntnisse zum Einfluss von Parameterstreuungen gewinnen. Diese stochastischen Variablen können z.B. Streuungen in der Geometrie oder in den Werkstoffeigenschaften eines Bauteils abbilden. Damit gelingt es, ein vertieftes physikalisches Verständnis zu den Auswirkungen der Parameterstreuungen aufzubauen. Aus den Ergebnissen der probabilistischen Untersuchung lassen sich damit gezielt Gestaltungshinweise für ein robustes Design ableiten. Vorhandene Sicherheitsfaktoren und fertigungsbedingte Toleranzen können angepasst und zeit- sowie kostenintensive Redesigns und Recalls vermieden werden.
In der vorliegenden Arbeit wurde der Einfluss von Fertigungsstreuungen auf die hochzyklische Ermüdung von Verdichterschaufeln untersucht. Um die realen Fertigungsstreuungen in der Simulation abzubilden, wurden 410 Verdichterschaufeln mit dem optischen Streifenprojektionsverfahren digitalisiert. Damit existiert eine breite Basis an Information zur gesamten Verdichterschaufelgeometrie. Die Verdichterschaufeln haben einen unterschiedlichen Hintergrund der sich aus Fertigung, Betreiber, Einsatzort und Einsatzzeit zusammensetzt. Während der statistischen Auswertung der geometrischen Daten hat sich gezeigt, dass für diese Verdichterschaufel die Fertigungsstreuungen mögliche Abnutzungserscheinungen dominieren.
Zur Erfassung der geometrischen Effekte im Schaufelblatt wurden NACA-Parameter genutzt. Diese turbomaschinenspezifischen Parameter sind in den Entwicklungsabteilungen fachübergreifend bekannt und ermöglichen aller an der Entwicklung beteiligten Ingenieure den Zugang zur Diskussion der Ergebnisse aus der statistischen Auswertung. Die dreidimensionale Parametrisierung erfolgte auf zweidimensionalen Profilschnitten, die sich an den Stromlinien orientieren. Zur Bestimmung der Skelettlinie wurde ein Triangulationsalgorithmus nach DELAUNAY und VORONOI genutzt. Dieser Algorithmus funktioniert zuverlässig sowohl für Verdichter- als auch für Turbinenschaufelgeometrien. Weiterhin wurde ein Filletmodell eingeführt, mit dem die Bestimmung der Anfangs- und Endpunkte des Übergangs zwischen Schaufelblatt und Plattform möglich ist. Für die Parametrisierung von Plattform, Schaft und Schaufelfuss sowie den Radien wurden typische geometrische Maße genutzt. Damit liegen für jede Verdichterschaufel 676 Parameter zur Beschreibung der dreidimensionalen Geometrie vor. Auf Basis des charakteristischen Parameterverlaufs wurde ein Ansatz zur Parameterreduktion eingeführt. Dieser Ansatz nutzt sowohl die Korrelationen zwischen benachbarten Profilschnitten als auch die Interquartilbreite als Maß für die Streuung der Parameter. Damit lassen sich die vorliegenden Parameter in drei Gruppen einteilen und auf insgesamt 41 Parameter reduzieren.
Weiterhin wurde eine Prozesskette zur Implementierung der parametrisch wiederaufgebauten Schaufelblätter in CAD-Anwendungen entwickelt. Dazu können auf Basis von Profilschnitten im Schaufelblatt und in der Plattform dreidimensionale Flächen parametrisch erstellt werden. Der Übergang zwischen Schaufelblatt und Plattform (Fillet) wird innerhalb der CAD-Anwendungen mit einer Verrundung generiert. Damit besteht die Möglichkeit die parametrisch wiederaufgebauten Schaufeln für aerodynamische und strukturmechanische bzw.

strukturdynamische Simulationen zugänglich zu machen. Weiterhin kann dieser Prozess auch zur Berücksichtigung der digitalisierten Originalgeometrie von Schaufelblatt und Fillet in numerischen Simulationen genutzt werden. Die geometrischen Variationen in Plattform, Schaft und Schaufelfuss wurden innerhalb dieser Arbeit auf Basis des nominalen Design FE-Netzes mit einem Meshmorphing-Skript berücksichtigt.
Zur Validierung der Prozesskette, bestehend aus Parametrisierung, statistischer Auswertung mit Parameterreduktion sowie parametrischen Wiederaufbau der Schaufeln, wurden zwei Untersuchungen durchgeführt. In der ersten Untersuchung wurden alle digitalisierten Schaufeln mit der Prozesskette wiederaufgebaut und die Abweichungen zu den digitalisierten Schaufeln berechnet. Zur Beurteilung dieser Abweichungen wurden ebenfalls die Abweichungen zwischen dem nominalen Design und allen digitalisierten Schaufeln berechnet. Somit liegen an den Knoten der Referenznetze diskrete Abweichungsverteilungen vor, aus denen Mittelwert und Standardabweichung berechnet wurden. Die statistische Auswertung der Daten hat gezeigt, dass mit der bestehenden Prozesskette die Mittelwertabweichung um den Faktor 4.3 und die Standardabweichungen um den Faktor 2.6 gesenkt werden konnten. In der zweiten Untersuchung zur Validierung der Prozesskette wurden Eigenfrequenzen von zehn repräsentativen Schaufeln experimentell und numerisch ermittelt. Von zwei Schaufeln wurden zusätzlich die Eigenformen experimentell und numerisch ermittelt. Für die numerische Untersuchung wurde sowohl die parametrisch wiederaufgebaute Geometrie als auch die digitalisierte Originalgeometrie genutzt. In der Auswertung der Ergebnisse konnte festgestellt werden, dass die numerisch ermittelten Eigenfrequenzen von parametrisch wiederaufgebauten Schaufeln und digitalisierten Schaufeln größtenteils einander entsprechen. Die Eigenformen der numerischen Untersuchungen sind identisch. Weiterhin konnte gezeigt werden, dass ab Mode 4 die Tendenzen der Eigenfrequenzstreuung von den numerischen Modellen und den experimentell ermittelten Eigenfrequenzen gut übereinstimmen. Damit wurde gezeigt, dass mit der Prozesskette zum parametrischen Wiederaufbau der digitalisierten Schaufeln die modalen Parameter abgebildet werden können. Demgegenüber gibt es jedoch Differenzen in den absoluten Werten zwischen den experimentell und numerisch ermittelten Eigenfrequenzen sowie den Eigenformen. Diese Differenzen sind aber nicht auf geometrische Effekte zurückzuführen, sondern im experimentellen Versuchsaufbau zu suchen.
In der abschließenden Untersuchung zum Einfluss von Fertigungsstreuungen auf die hochzyklische Ermüdung wurde eine Monte-Carlo Simulation mit 100 Realisierungen durchgeführt. Die Erzeugung der Realisierungen basierte auf einem Latin-Hypercube Sampling. Zur Abbildung der realen geometrischen Effekte wurden die Parameterverteilungen sowie die Korrelationen der Parameter untereinander aus der statistischen Auswertung der geometrischen Parameter genutzt. Die Auswertung der probabilistischen Untersuchung wurde an den Eigenfrequenzen sowie an jeweils einem Beispiel zur Schwingfestigkeit af sowie zu den Eigenformen detailliert vorgestellt. Dabei ist die Visualisierung von statistischen Parametern auf einem Referenz FE-Netz ein wichtiges Werkzeug, um interessante Bereiche für die statistische Auswertung zu erkennen. Weiterhin wurde die MAC-Wahrscheinlichkeitsmatrix eingeführt, um Abweichungen in den Eigenformen zu erkennen. Mit diesen beiden statistischen Werkzeugen ist es möglich, einflussreiche Eingangsparameter zu detektieren und die richtigen Erkenntnisse aus den Ergebnissen der statistischen Auswertung zu gewinnen. Die Auswertung der probabilistischen Untersuchung hat gezeigt, dass der Mittelwert der Eigenfrequenzen der gefertigten Schaufeln für alle Moden oberhalb des nominalen Designs liegt. Weiterhin überschneiden sich die Eigenfrequenzbänder der einzelnen Moden ab Mode 10. Ab Mode 12 decken die Eigenfrequenzen der gefertigten Schaufeln den gesamten Frequenzbereich ab. Damit sollten die

Schaufeln für höhere Moden resonanzsicher ausgelegt sein, um Schädigungen zu vermeiden. Weiterhin hat sich gezeigt, dass sich die Position der minimalen Schwingfestigkeit af innerhalb eines Modes ändert. Aufgrund der Fertigungsstreuungen kann sich die Position z.B. vom Schaufelblatt in den Schaufelfuss verschieben. Zudem führen die Fertigungsstreuungen zu einer Änderung der Eigenform innerhalb eines Modes. Mit der Auswertung der Eigenformen mit der MAC-Wahrscheinlichkeitsmatrix wurde festgestellt, dass lediglich 67% der Eigenformen der Realisierungen den Eigenformen des nominalen Designs entsprechen. Somit wurden während der Auslegung der Verdichterschaufel 33% der Eigenformen nicht berücksichtigt. Mit den Ergebnissen der statistischen Auswertung können Toleranzgrenzen gezielt geändert werden. Dazu wurden an einem Beispiel Vorschläge gezeigt, um niedrige Schwingfestigkeiten für af zu vermeiden.

Aus den Erkenntnissen dieser Arbeit sind weitere Anregungen für zukünftige Untersuchungen und Projekte entstanden, die gerade im Hinblick auf eine industrielle Implementierung des gesamten Prozesses von Bedeutung sind. Ein wichtiger Baustein für die probabilistische Untersuchung zum Einfluss von Fertigungsstreuungen ist die Digitalisierung der Geometrie. Mit einer Messgenauigkeit von $\leq 5\ \mu m$ arbeiten heutige optische Systeme an ebenen Flächen ausreichend genau. Im Bereich von stark gekrümmten Flächen oder komplexen Geometrien, wie z.B. an Vorderkanten oder an der Tannenbaumgeometrie einer Turbinenschaufel, sind größere Abweichungen zu erwarten. Sind probabilistische Untersuchungen zu solchen geometrischen Merkmalen beabsichtigt, empfiehlt sich vorher die Messgenauigkeit zu untersuchen und ggf. geeignete Methoden zur Verbesserung zu entwickeln. Weiterhin ist die Beschichtung der Schaufeln immer ein zeitaufwendiger Prozess, gerade für Messkampagnen mit einer großen Anzahl zu digitalisierender Schaufeln. Hier würden Systeme, die ohne eine Beschichtung der Schaufeln bei gleichbleibender Messgenauigkeit arbeiten, einen großen Vorteil bedeuten. Auch würden intelligente Systeme, die automatisiert Schaufeln digitalisieren und die entsprechenden optimalen Einstellungen (z.B. Belichtungszeit oder optimale Positionierung der Kameras) für jeden Scan anwenden, den Einsatz optischer Systeme in industriellen Anwendungen erleichtern.

Die Parametrisierung der realen Verdichterschaufeln wurde für diese Geometrie, die mit geschmiedetem Schaufelblatt und gefrästem Schaufelfuss hergestellt wird, mit dem Ziel den Einfluss von Fertigungsstreuungen auf die hochzyklische Ermüdung zu ermitteln, entwickelt. Die Validierung der Prozesskette hat gezeigt, dass die Parametrisierung ausreichend ist. Für Schaufeln mit einer deutlich anderen Geometrie (z.B. neue Vorderkantenmerkmale) oder für gefräste Schaufelblätter sowie für probabilistische Untersuchungen mit einem anderen Fokus, sollten die Algorithmen zur Parametrisierung überprüft und ggf. angepasst werden. Auch empfiehlt sich die Ursachen für die Fertigungsabweichungen zu untersuchen. Damit könnte ein Verständnis zum Fertigungsprozess sowie zu den existierenden geometrischen Abweichungen aufgebaut werden (z.B. Abweichungen in der Rohlinggeometrie). Mit diesem Wissen sowie den Erkenntnissen aus der statistischen Auswertung kann auch der Fertigungsprozess hinsichtlich eines robusten Designs gezielt beeinflusst werden.

Mit der bestehenden Prozesskette würden sich weiterhin probabilistische Untersuchungen zu den einzelnen Triebwerken anbieten. Wie in der statistischen Auswertung gezeigt wurde, gibt es Unterschiede zwischen den einzelnen Triebwerken. Diese zeigen sich sowohl in den charakteristischen Parameterverläufen als auch in den Korrelationen. Für die probabilistische Untersuchung in dieser Arbeit wurden alle Schaufeln bzw. Triebwerke zusammen ausgewertet, um das Systemverhalten der gesamten Flotte zu untersuchen. Damit wurden die Merkmale der einzelnen Triebwerke verwischt. Mit probabilistischen Untersuchungen zu den einzelnen Triebwerken lassen sich weitere Erkenntnisse in den Streuungen der Ergebnisparameter ermit-

teln. Zudem können Informationen zum Einfluss der Fertigungsstreuungen gewonnen werden, da die Schaufeln eines Triebwerkes aus derselben Fertigungsstätte kommen.
Weiterhin können mit den existierenden Prozessen zusätzliche Untersuchungen zu Validierungszwecken durchgeführt werden. Es bietet sich an, die vorgestellte Methodik zur Parameterreduktion zu überprüfen. Der Einfluss der Mittelungsbereiche bzw. der Parameteranzahl ist direkt in den Abbildungen zur Visualisierung der Abweichungen zwischen parametrischen Wiederaufbau und digitalisierten Schaufeln erkennbar. Mit den genutzten statistischen Parametern Median und Interquartilbreite können Gesetzmäßigkeiten zwischen Parameteranzahl und Abweichung der parametrisch erstellten Modelle zu den digitalisierten Schaufeln aufgestellt werden. Weiterhin könnte so beurteilt werden, ob die derzeitigen Parameter mit Blick auf die Abweichungen beim Wiederaufbau alle geometrischen Effekte der gefertigten Schaufeln abbilden. Eine weitere Möglichkeit zu Validierung ist, alle digitalisierten Schaufeln direkt für eine numerische Modalanalyse zu nutzen. Diese Vorgehensweise wurde in der Arbeit nur an zehn Schaufeln durchgeführt, da manuelle Schritte zur Erstellung eines geschlossenen FE-Netzes nötig sind. Bei einer Automatisierung dieses Prozesses könnten die modalen Parameter aller digitalisierten Schaufeln den modalen Parameter der parametrisch wiederaufgebauten Schaufeln gegenübergestellt werden. Damit wären zusätzlich Informationen zur Beurteilung der Prozesskette aus Parametrisierung, Parameterreduktion und Wiederaufbau verfügbar.
Der Vergleich zwischen experimentell und numerisch ermittelten modalen Parametern hat Differenzen aufgezeigt, die nicht der Prozesskette zugeordnet werden können. Stattdessen sind die Ursachen im experimentellen Aufbau zu suchen. Arbeiten, die zu diesem Thema bereits durchgeführt wurden, haben deutlich gemacht, dass die Schaufelfixierung sowie das Schraubenanzugsmoment einen Einfluss auf die Eigenfrequenzen und die Eigenformen haben. Außerdem hat sich gezeigt, dass eine Berücksichtigung des Versuchsaufbaus sowie der transienten Anregung in den numerischen Modellen von Vorteil ist. Eine Untersuchung dieser Effekte würde verstärkt zu einem besseren Verständnis beitragen. Damit wäre eine weitere Validierungsmöglichkeit gegeben um die Realität in der Numerik abzubilden. Ggf. könnten Erkenntnisse dieser Untersuchung auch in die numerischen Modelle für die probabilistische Untersuchung integriert werden.
In der probabilistischen Untersuchung wurde festgestellt, dass es aufgrund der Fertigungsstreuungen zu Änderungen in der Eigenform kommt. Deshalb sollte untersucht werden, inwieweit eine statistische Auswertung der probabilistischen Untersuchung von den Moden des nominalen Designs gelöst werden kann. Eventuell ist es von Vorteil, zunächst die Ergebnisse der Realisierungen mit dem MAC und der MAC-Wahrscheinlichkeitsmatrix nach Eigenformen zu gruppieren und anschließend die statistische Auswertung durchzuführen. Dabei ist darauf zu achten, dass ausreichend Realisierungen erzeugt werden, um die statistische Sicherheit bei der Auswertung zu gewährleisten. Hier würden sich alternativ Methoden anbieten, mit denen nachträglich, also nach der ersten Auswertung der probabilistischen Untersuchung, weitere Realisierungen entsprechend den Eingangsparameterverteilungen und Korrelationen in interessanten Bereichen erzeugt werden können. Weiterhin könnte in diesem Zusammenhang der MAC-Grenzwert für identische Eigenvektoren überprüft werden.
Für zukünftige Untersuchungen ist weiterhin zu überlegen, Variationen des E-Moduls und der Temperaturverteilungen in der probabilistischen Untersuchung zu berücksichtigen. Außerdem könnten eine Kontaktmodellierung zwischen Schaufelfuss und Scheibe, mit den entsprechenden geometrischen Streuungen, zu einer Verbesserung in der Abbildung der realen Geometrien und Effekte führen.

Literaturverzeichnis

[1] Leistritz Turbotechnik GmbH - www.turbinentechnik.com, 14.1.2014.

[2] *The Fundamentals of Signal Analysis - Application Note 243.* Hewlett-Packard, 1994.

[3] Koordinatenmessmaschine Zeiss VAST gold - www.zeiss.de, 7.1.2014.

[4] Leitz infinity - www.leitz-metrology.com, 7.1.2014.

[5] Nano focus profilmeter - www.nanofocus.de, 7.1.2014.

[6] Adam, P. *Fertigungsverfahren von Flugtriebwerken.* Birkhäuser Verlag, 1998.

[7] Allemang, R. J. The Modal Assurance Criterion -Twenty Years of Use and Abuse. *Sound and Vibration Magazine*, 37, No.8:14–23, 2003.

[8] Anderson, G. R.; Aftosmis, M. J.; Nemec, M. Parametric Deformation of Discrete Geometry for Aerodynamic Shape Design. *AIAA Paper 2012*, 965, 2012.

[9] Anderson, T. W.; Darling, D. A. Asymptotic Theorey of Certain "Goodness of Fit" Criteria Based on Stochastic Processes. *Annals of Mathematical Statistics 23*, pages 193–212, 1952.

[10] Armbruster, K. Handgeführter 3D-Sensor zur Digitalisierung von Körperoberflächen. *Fachtagung Optische Formerfassung*, 1999.

[11] Aurenhammer, F. Voronoi Diagrams - A Survey of a Fundamental Geometric Data Structure. *ACM Computing Surveys*, 23 No. 3:345–405, 1991.

[12] Basquin, O.H. The Exponential Law of Endurance Tests. *ASTM*, 10:625–630, 1910.

[13] Bathe, K.-J. *Finite-Elemente-Methoden.* Springer Verlag, 2002.

[14] Beirow, B. *Lehrveranstaltung Schwingungsmesstechnik.* 2012.

[15] Bestle, D.; Hinz, M.; Dutta, A. - K.; Schulz, A.; Finger, S.; Flassig, P.-M. Unterstützende Strategien für den robusten Triebwerksentwurf - Durch Prozessintegration, problemspezifische Parametrisierung und Mehrkriterien-Optimierung zum Erfolg. *Forum der Forschung*, 22:107–116, 2009.

[16] Bezier, P.E. Definition Numerique des Courbes et Surfaces I. *Automatisme*, XI:625–632, 1966.

[17] Bezier, P.E. Definition Numerique des Courbes et Surfaces II. *Automatisme*, XII:17–21, 1966.

[18] Bischoff, T.; Voigt, M.; Chehab, E.; Vogeler, K. Probabilistic Analysis of Stationary Gas Turbine Secondary Air Systems. *ASME Turbo Expo, GT2006-90261*, 2006.

[19] Brujic, D.; Ainsworth, I.; Ristic, M. Fast and Accurate NURBS Fitting for Reverse Engineering. *The International Journal of Advanced Manufacturing Technology*, 54:691–700, 2011.

[20] Büche, D.; Guidati,G.; Stoll, P. Automated Design Optimization of Compressor Blades for Stationary, Large-Scale Turbomachinery. *ASME Turbo Expo GT2003-38421*, 2003.

[21] Bucher, C. *Computational Analysis of Randomness in Structural Mechanics: Structures and Infrastructures Book Series*. CRC Press, 2009.

[22] Bürgel, Ralf. *Handbuch Hochtemperatur-Werkstofftechnik: Grundlagen, Werkstoffbeanspruchungen, Hochtemperaturlegierungen und -beschichtungen*. Vieweg+Teubner, 2001.

[23] Campbell, W. *Protection of Steam Turbine Disk Wheels from Axial Vibration*. General Electric Company, 1924.

[24] Chawla, K. K. *Composite Materials*. Springer, 2012.

[25] Craney, T. A. Probabilistic Engineering Design. *Reliabilty Review, The R & M Engineering Journal 23 No.2*, 2003.

[26] Duo, P.; Pianka, C.; Golowin, A.; Fueller, M.; Schaefer, R.; Bernhardt, U. Simulated Foreign Object Damage Aerofoils. Real Damage Investigation. *ASME Turbo Expo, GT2008-50371*, 2008.

[27] Ewins, D. J. *Modal testing: Theory and Practice*. Research Studies Press, 1984.

[28] Finke, T.; Bartelt, A. *Beiträge der Oldenburger 3D-Tage 2010* . Wichmann - VDE Verlag, 2010.

[29] Fu, Q.; Chen, Z. C. Medial Axis Transform of Planar Shapes with Free-Form Curve Boundary. *ASME DETC, 2010-28903*, 2010.

[30] Gardner, M.; Wiggs, G. Design for Six Sigma: The first 15 years. *ASME Turbo Expo, GT2013-95534*, 2013.

[31] Garzon, V.E. *Probabilistic Aerothermal Design of Compressor Airfoils*. PhD thesis, MIT, 2003.

[32] Gasch, R.; Knothe, K.; Liebich, R. *Strukturdynamik - Diskrete Systeme und Kontinua*. Springer Vieweg, Berlin, 2012.

[33] Gausmann, R. *Nichtlineares dynamisches Verhalten von piezoelektrischen Stabaktoren bei schwachem elektrischen Feld*. Cuvillier Verlag Göttingen, 2005.

[34] Gerber, W. Bestimmung der zulässigen Spannungen in Eisenkonstruktionen. *Z. d. Bayer. Architekten- und Ingenieursvereins 6*, 6:101–110, 1874.

[35] Goodman, J. *Mechanics applied to Engineering*. Longmans, Green and Co., 1899.

[36] Gorelik, M.; Peralta-Duran, A.; Singh, S.; Moody, J,; Enright, M. Role of Quantitative NDE Techniques in Probabilistic Design and Life Management of Gas Turbine Components - Part II. *ASME Turbo Expo, GT2009-60358*, 2009.

[37] Gräsel, J.; Keskin, A.; Swoboda, M.; Przewozny, H.; Saxer, A. A Full Parametric Model for Turbomachinery Blade Design and Optimisation. *ASME DETC*, DETC2004-57467:907–914, 2004.

[38] Großmann, David and Jüttler, Bert. Volumetric Geometry Reconstruction of Turbine Blades for Aircraft Engines. In *Curves and Surfaces*, pages 280–295. Springer, 2012.

[39] Haibach, E. *Betriebsfestigkeit -Verfahren und Daten zur Bauteilberechnung.* Springer Verlag, 2005.

[40] Haigh, B. P. Experiments on the Fatigue of Brasses. *Institue of Metals*, 1917.

[41] Heinze, K.; Friedl, W.-H.; Voigt, M.; Vogeler, K. Probabilistic HCF-Investigation of Compressor Blades. *ASME Turbo Expo, GT2009-59899*, 2009.

[42] Heinze, K.; Schrape, S.;Voigt, M.; Vogeler, K. Probabilistic Endurance Level Analyses of Compressor Blades. *CEAS Aeronautical Journal*, 3 No.1:55–65, 2012.

[43] Heinze, K.; Vogeler, K.; Friedl, W.-H. The Impact of Geometric Scatter on the High-Cycle-Fatigue of Compressor Blades. *ASME Turbo Expo, GT2010-22083*, 2010.

[44] Holtzhausen, S.; Schreiber, S.; Stelzer, R.; Lange, A.; Heinze, K. Automated 3D Measuring of Compressor Blades and Analysis of Measurement Results. *ASME Turbo Expo, GT2009-59902*, 2009.

[45] Jacobs, E.N.; Ward, K.E.; Pinkerton, R.M. The Characteristics of 78 Related Airfoil Sections from Tests in the Variable-Density Wind Tunnel. Technical Report 460, National Advisory Committee for Aeronautics, 1933.

[46] Jolliffe, I. T. *Principal Component Analysis.* Springer Verlag, 2002.

[47] Keskin, A. *Process Integration and Automated Multi-Objective Optimization Supporting Aerodynamic Compressor Design.* PhD thesis, BTU Cottbus, 2007.

[48] Klauke, T. *Schaufelschwingungen realer integraler Verdichterräder im Hinblick auf Verstimmung und Lokalisierung.* PhD thesis, BTU Cottbus, 2007.

[49] Klauke, T.; Kühhorn, A.; Beirow, B.; Parchem, R. Blade Vibration Phenomena of HPC Bliscs Considering Manufacturing Effects and Strain Gauge Application. *ASME Turbo Expo, GT2008-50683*, 2008.

[50] Klein, B. *FEM - Grundlagen und Anwendungen der Finite-Element-Methode im Maschinen- und Fahrzeugbau.* Springer Vieweg, 2012.

[51] Kramer, S. Numerische Untersuchung der Schaufelfrequenzen einer Blisk unter Einbeziehung der realen Geometrie. Master's thesis, Technische Universität Dresden, 2011.

[52] Kühhorn, A.; Silber, G. *Technische Mechanik für Ingenieure.* Hüthig Verlag Heidelberg, 2000.

[53] Kumar, A. *Robust Design Methodologies: Application to Compressor Blades.* PhD thesis, University of Southampton, 2006.

[54] Lamb, C.M. Probabilistic Performanced-Based Geometric Tolerancing of Compressor Blades. Master's thesis, MIT, 2003.

[55] Lange, A.; Vogeler, K.; Gümmer, V.; Schrapp, H.; Clemen, C. Introduction of a Parameter Based Compressor Blade Model for Considering Measured Geometry Uncertainties in Numerical Simulation. *ASME Turbo Expo, GT2009-59937*, 2009.

[56] Lange, A.; Vogeler, K.; Schrapp, H.; Clemen, C. Ein parametrisches Modell für Verdichterschaufeln zur Abbildung von geometrischen Abweichungen der numerischen Simulation, Institut für Strömungsmechanik. 1. Dresdner Probabilistik Workshop, 2008.

[57] Lange, A.; Voigt, M.; Vogeler, K.; Gümmer, V.; Johann, E.; Schrapp, H. Probabilistic CFD Simulation of a High-Pressure Compressor Stage Taking Manufacturing Variability into Account. *ASME Turbo Expo, GT2010-22484*, 2010.

[58] Lange, A.; Voigt, M.; Vogeler, K.; Johann, E. Principal Component Analysis on 3D Scanned Compressor Blades for Probabilistic CFD Simulation. *AIAA Non-Deterministic Approaches Conference*, 2012.

[59] Lechner, C.; Seume, J. *Stationäre Gasturbinen.* Springer Verlag, 2010.

[60] Lindsey, W. F.; Stevenson, D. B.; Daley, B. N. Aerodynamic Characteristics of 24 NACA 16-Series Airfoils at Mach Numbers between 0.3 and 0.8. Technical Report 1546, National Advisory Committee for Aeronautics, 1948.

[61] Luxembourg: Office for Official Publications of the European Communities, ISBN 92-894-0559-7, editor. *European Aeronautics: A Vision for 2020.* European Comission, 2001.

[62] Luxembourg: Publications Office of the European Union, ISBN 978-92-79-19724-6, editor. *FlightPath 2050 Europe's Vision for Aviation.* European Union, 2011.

[63] Mbaye, M.; Soize, C.; Ousty, J.-P.; Capiez-Lernout, E. Robust Analysis of Design in Vibration of Turbomachines. *ASME Turbo Expo, GT2009-59651*, 2009.

[64] Mekel, O. Evaluation von Standards und Modellen zur probabilistischen Expositionsabschätzung. Technical report, Universität Bielefeld, 2007.

[65] Müller, M.; Staudacher, S.; Friedl, W. - H.; Köhler, R.; Weißschuh, M. Probabilistic Engine Maintenance Modeling for Varying Environmental and Operating Conditions. *ASME Turbo Expo, GT2010-22548*, 2010.

[66] Nicholas, T. *High Cycle Fatigue: A Mechanics of Materials Perspective.* Elsevier Ltd., 2006.

[67] Otto, D. *Ein Beitrag zur interdisziplinären Prozessintegration und automatischen Mehrzieloptimierung am Beispiel einer Verdichterschaufel.* Dissertation, BTU Cottbus, 2009.

[68] Phadke, M.S. *Quality Engineering using Robust Design.* PTR Prentice-Hall,Inc., 1989.

[69] Piegl, L.;Tiller, W. *The NURBS Book.* Springer Verlag, second edition edition, 1997.

[70] Qin, Q.-H. *Advanced Mechanics of Piezoelectricity.* Springer Verlag, 2013.

[71] Reh, S.; Beley, J. - D.; Mukherjee, S.; Khor, E. H. Design for Six Sigma und Robust Design. *Weimarer Optimierungs- und Stochastiktage 2.0, 2005.*

[72] Reif, D. Testing and Analysis of Compressor Blade Vibration considering Blade-to-Disk Contact. Master's thesis, TU Berlin - Institut für Luft- und Raumfahrt, 2012.

[73] Riesch-Oppermann, H.; Hülsmeier, P. Probabilistic Analysis of Accelerated Life Tests for Thermal Barrier Coatings. *ASME Turbo Expo, GT2008-50456*, 2008.

[74] Righini, G.; Tajani, A.; Cutolo, A. *An Introduction to Optoelectric Sensors*, volume 7. World Scientific Publishing Co Pte. Ltd., 2009.

[75] Ristic, M.; Brujic, D.; Ainsworth, I. Measurement-Based Updating of Turbine Blade CAD Models: A Case Study. *International Journal of Computer Integrated Manufacturing*, 17(4):352–363, 2004.

[76] Sachs, L. *Angewandte Statistik, Anwendung statistischer Methoden.* Springer Verlag, Berlin, 2004.

[77] Sager, H. *Fourier-Transformation: Beispiele, Aufgaben, Anwendungen.* vdf Hochschulverlag AG, 2012.

[78] Schoenenborn, H.; Grossmann, D.; Satzger, W.; Zisik, H. Determination of Blade-Alone Frequencies of a Blisk for Mistuning Analysis Based on Optical Measurements. *ASME Turbo Expo, GT2009-59148*, 2009.

[79] Schrade, M.; Staudacher, S.; Weissschuh, M.; Voigt, M. Form Factor for the Top-Level Comparision of the Condition of Supply of High-Pressure Compressor Blades. *ASME Gas Turbine India Conference, GTIndia 2012-9599*, 2012.

[80] Sendeckyj, G.P. Constant Life Diagrams - a Historical Review. *International Journal of Fatigue*, 2000.

[81] Shahpar, S. Challenges to Overcome for Routine Usage of Automatic Optimisation in the Propulsion Industry. *The Aeronautical Journal*, 115:615–625, 2011.

[82] Sinha, A.; Hall, B.; Cassenti, B.; Hilbert, G. Vibratory Parameters of Blades From Coordinate Measurement Machine Data. *Journal of Turbomachinery*, Volume 130, Issue 1, 2008.

[83] Smith, J.H. Some Experiments on Fatigue of Materials. *J. Iron Steel Inst.*, 82(2):246–318, 1910.

[84] Spearman, C. The Proof and Measurement of Association between two Rings. *Amer. J. Psychol. 15*, pages 72–101, 1904.

[85] Spieler, S.; Staudacher, S.; Fiola, R.; Sahm, P.; Weißschuh, M. Probabilistic engine performance scatter and deterioration modeling. *ASME Turbo Expo*, GT2007-27051, 2007.

[86] Steffens, K.; Schäffler, A. Triebwerksverdichter - Schlüsseltechnologie für den Erfolg bei Luftfahrtantrieben. *DGLR - Jahrbuch 2000*, 1, 2000.

[87] Strehlau, U. *Schaufelschwingungen realer integraler Verdichterlaufräder bei zusätzlicher Berücksichtigung höherer Moden.* Dissertation, BTU Cottbus, 2011.

[88] Thacker, B. H.; Riha, D. S.; Millwater, H. R.; Enright, M. P. Errors and Uncertainties in Probabilistic Engineering Analysis. *AIAA 2001-1239*, 2001.

[89] Thakur, A. *Probabilistic Manufacturing Variability Quantification from Measurement Data for Robust Design of Turbine Blades.* PhD thesis, University of Southampton, 2010.

[90] Thomas Luhmann. *Nahbereichsphotogrammetrie: Grundlagen, Methoden und Anwendungen.* Wichmann, 2000.

[91] Traupel, W. *Thermische Turbomaschinen, Zweiter Band, 4.Auflage.* Springer Verlag, 2001.

[92] Tukey, J.W. Exploratoty Data Analysis. *Reading, Ma*, 231, 1977.

[93] Voigt, M. *Probabilistische Simulation des strukturmechanischen Verhaltens von Turbinenschaufeln.* Dissertation, TU Dresden, 2010.

[94] Voigt, M.; Mücke, R.; Vogeler, K.; Oevermann, M. Probabilistic Lifetime Analysis for Turbine Blades on a Combined Direct Monte Carlo and Response Surface Approach. *ASME Turbo Expo, GT2004-53439*, 2004.

[95] Vormwald, M.; Radaj, D. *Ermüdungsfestigkeit - Grundlagen für Ingenieure.* Springer Verlag, 2007.

[96] Wallstab-Freitag, S. Datenblatt zur Erfassung der Messgenauigkeit des Digitalisierungssystems ATOS SO 4M am Lehrstuhl für Turbomaschinen und Strahlantriebe der TU Dresden. Technical report, Gesellschaft für optische Messtechnik mbH - GOM, 2013.

[97] Weihard, S.; Kupfer, A.; Kau, H.-P. Statistical Impact of Manufacturing Tolerances on Axial Gaps between Vane Segments and the Rotor of Axial Flow Turbo-Compressors. *ASME Turbo Expo, GT2013-95532*, 2013.

[98] Will, J.; Roos, D.; Riedel, J.; Bucher, C. Robustheitsbewertung in der stochastischen Strukturmechanik. *NAFEMS Seminar: Use of Stochastics in FEM Analyses*, 2003.

[99] Wiora, G. *Optische 3D-Messtechnik – Präzise Gestaltvermessung mit einem erweiterten Streifenprojektionsverfahren.* Dissertation, Ruprechts-Karls Universität Heidelberg, 2001.

[100] Wöhler, A. *Über die Festigkeitsversuche mit Eisen und Stahl.* Ernst & Korn, 1870.

[101] Wolf, S.; Bucher. Ch.; Will, J. Statistics on Structure 3.0. *RDO - Journal*, 2, 2013.